はじめに

JN090399

　このプリント集は、子どもたち自らアクティブに問題を解き続け、学習できるようになる姿をイメージして生まれました。

　どこから手をつけてよいかわからない。問題とにらめっこし、かたまってしまう。

　えんぴつを持ってみたものの、いつのまにか他のことに気がいってしまう…。

　そんな場面をなくしたい。

　子どもは1年間にたくさんのプリント出会います。できるかぎりよいプリントと出会ってほしいと思います。

　子どもにとって、よいプリントとは何でしょう？

　それは、サッとやりはじめ、ふと気がつけばできている。スイスイ、エスカレーターのようなしくみのあるプリントです。

　「いつのまにか、できるようになった！」「もっと続きがやりたい！」

と、子どもがワクワクして、自ら次のプリントを求めるのです。

　「もっとムズカシイ問題を解いてみたい！」

と、子どもが目をキラキラと輝かせる。そんな子どもたちの姿を思い描いて編集しました。

　プリント学習が続かないことには理由があります。また、プリント1枚ができないことには理由があります。

　数の感覚をつかむ必要性や、大人が想像する以上にスモールステップが必要であったり、同時に考えなければならない問題があったりします。

　教科書問題を解くために、数多くのスモールステップ問題をつくりました。

　少しずつ、「できることを増やしていく」プリント集。

　子どもが自信をつけていき、学ぶことが楽しくなるプリント集。

　ぜひ、このプリント集を使ってみてください。

　子どもたちがワクワク、キラキラして、プリントに取り組んでいる姿が、目の前でひろがりますように。

　　　　　　　　　　　　　　　　　　　　　　　　　　藤原　光雄

✏️シリーズ全巻の特長✏️

◎子どもたちの学びの基本である教科書を中心に学習

　○教科書で学習した内容を　思い出す、確かめる。

　○教科書で学習した内容を　試してみる、使えるようにする。

　○教科書で学習した内容を　できるようにする、自分のものにする。

　○教科書で学習した内容を　説明できるようにする。

　プリントを使うときに、そって声をかけてあげてください。

- 「何がわかればいい？」
- 「どうしたらいいと思う？」
- 「図でかくとどんな感じ？」
- 「ここまでは大丈夫？」
- 「次は何をすればいいのかな？」
- 「どれくらいわかっている？」

◎算数科６年間の学びをスパイラル化！

　算数科６年間の学習内容を、スパイラルを意識して配列しています。

　予習や復習、発展的な課題提供として、ほかの学年の巻も使ってみてください。

✏️このプリントの特長✏️

○はじめの一歩をわかりやすく！

　自学にも活用できるように、ヒントとなるように、うすい字でやり方や答えがかいてあります。なぞりながら答え方を身につけてください。

○ゆったり＆たっぷりの問題数！

　問題を精選し、教科書の学びを身につけるための問題数をもりこみました。教科書のすみずみまで学べる問題や、標準的な学力の形成のために必要な習熟問題もたっぷり用意しています。

○数感覚から解き方が身につく！

　問題を解くための数の感覚や、図形のとらえ方の感覚を大切にして問題を配列しています。

　朝学習、スキマ学習、家庭学習など、さまざまな学習の場面で活用できます。

　解答のページは「キリトリ線」を入れ、はずして答えあわせができます。

もくじ 小学 5 年生

1 整数と小数①〜④ …………………………… 4

2 直方体や立方体の体積①〜⑧ …………………… 8

3 かんたんな比例①〜② ……………………… 16

4 小数のかけ算①〜⑩ ……………………… 18

5 小数のわり算①〜⑩ ……………………… 28

6 合同な図形①〜⑥ ………………………… 38

7 整数の性質①〜⑩ ………………………… 44

8 分数と小数、整数の関係①〜⑥ ……………… 54

9 分数のたし算とひき算①〜⑯ ……………… 60

10 平　均①〜② ……………………………… 76

11 単位量あたりの大きさ①〜⑧ ……………… 78

12 速　さ①〜⑧ ……………………………… 86

13 図形の角①〜④ …………………………… 94

14 四角形と三角形の面積①〜⑧ ……………… 98

15 割合とグラフ①〜⑩ ……………………… 106

16 角柱と円柱①〜⑥ ………………………… 116

17 正多角形と円①〜⑦ ……………………… 122

　　答　え ………………………………………… 129

1 数について考えましょう。

① □にあてはまる数をかきましょう。

3.142は

1 が	3	個…	3
0.1 が	1	個…	0.1
0.01 が	4	個…	0.04
0.001が	2	個…	0.002

② 3.142を式で表しましょう。

3.142＝1×│ 3 │＋0.1×│ │＋0.01×│ │＋0.001×│ │

2 □にあてはまる数字をかいて、数を式で表しましょう。

① 1.732＝1×│ │＋0.1×│ │＋0.01×│ │＋0.001×│ │

② 2.702＝1×│ │＋0.1×│ │＋0.01×│ │＋0.001×│ │

③ 0.379＝1×│ │＋0.1×│ │＋0.01×│ │＋0.001×│ │

3 □に不等号をかきましょう。

① 0.1 │ │ 0   ② 0 │ │ 0.001   ③ 1 │ │ 1.001

4

1 3.142は、0.001を何個集めた数ですか。

0.002 ……… 0.001を [　　　] 個

0.04 ……… 0.001を [　　　] 個

0.1 ……… 0.001を [　　　] 個

3 ……… 0.001を [　　　] 個

──────────────────

3.142は、0.001を [　　　] 個集めた数です。

2 次の数は、0.001を何個集めた数ですか。

① 0.005は、0.001を [　　　] 個集めた数です。

② 0.015は、0.001を [　　　] 個集めた数です。

③ 0.01 は、0.001を [　　　] 個集めた数です。

④ 0.543は、0.001を [　　　] 個集めた数です。

⑤ 1.234は、0.001を [　　　] 個集めた数です。

1 次の数を10倍した数をかきましょう。

① 1　　10　　② 1.5

③ 19.8　　　　④ 82.5

⑤ 5.67　　　　⑥ 2.34

2 次の数を100倍した数をかきましょう。

① 1　　100　　② 1.5

③ 19.8　　　　④ 82.5

⑤ 5.67　　　　⑥ 2.34

3 次の数を1000倍した数をかきましょう。

① 1　　1000　　② 1.5

③ 19.8　　　　④ 82.5

⑤ 5.67　　　　⑥ 2.34

1 次の数を $\frac{1}{10}$ にした数をかきましょう。

① 1 0.1

② 1.5 0.15

③ 19.8 〔　　　〕

④ 82.5 〔　　　〕

⑤ 5.67 〔　　　〕

⑥ 2.34 〔　　　〕

2 次の数を $\frac{1}{100}$ にした数をかきましょう。

① 1 0.01

② 1.5 〔　　　〕

③ 19.8 〔　　　〕

④ 82.5 〔　　　〕

⑤ 5.67 〔　　　〕

⑥ 2.34 〔　　　〕

3 次の数を $\frac{1}{1000}$ にした数をかきましょう。

① 1 0.001

② 1.5 〔　　　〕

③ 19.8 〔　　　〕

④ 82.5 〔　　　〕

⑤ 5.67 〔　　　〕

⑥ 2.34 〔　　　〕

◎ 図の立方体 | つは | 辺が | cmで、体積が | cm³ です。
立方体の個数を数えて、体積を求めましょう。

①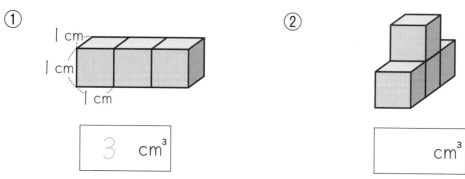

| 3 cm³ |

②

| cm³ |

③

| cm³ |

④

| cm³ |

⑤

| cm³ |

⑥

| cm³ |

2 直方体や立方体の体積 ②

名前

❀ | 辺 | cmの立方体でできる次の体積を求めましょう。

①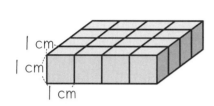

式

たての数　横の数　だんの数　全部の数

$4 \times 4 \times 1 = 16$

答え _____

②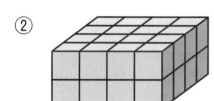

式 たての数　横の数　だんの数　全部の数

$\square \times \square \times \square = \square$

答え _____

③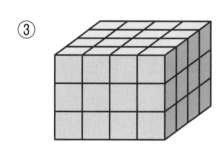

式

たての数　横の数　だんの数　全部の数

$\square \times \square \times \square = \square$

答え _____

④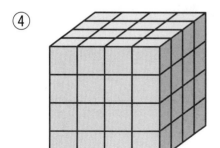

式

たての数　横の数　だんの数　全部の数

$\square \times \square \times \square = \square$

答え _____

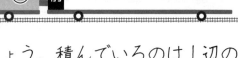

直方体や立方体の体積 ③

🌸 直方体と立方体の体積を求めましょう。積んでいるのは１辺の長さが１cmの立方体です。

① 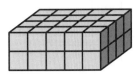　　式　$4 \times 5 \times 2 = 40$

答え ＿＿＿＿＿＿＿＿＿

② 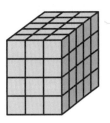　　式

答え ＿＿＿＿＿＿＿＿＿

③ 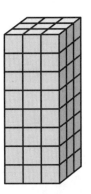　　式

答え ＿＿＿＿＿＿＿＿＿

④ 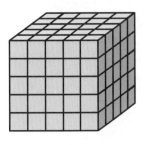　　式

答え ＿＿＿＿＿＿＿＿＿

10

❀ 直方体と立方体の体積を求めましょう。

①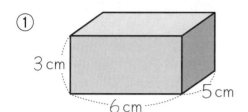

式

答え _____

②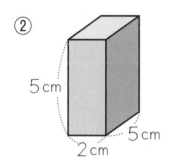

式

答え _____

③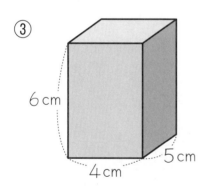

式

答え _____

④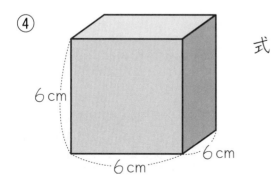

式

答え _____

11

🌸 図のような立体の体積を求めましょう。

①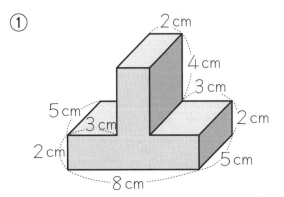

式

答え _____

②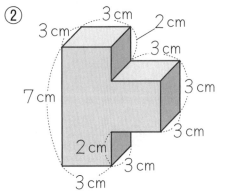

式

答え _____

③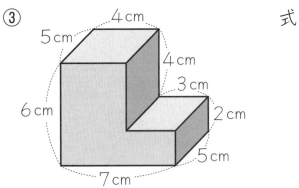

式

答え _____

④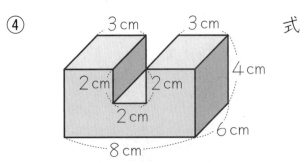

式

答え _____

1　図のような立体の体積を求めましょう。

①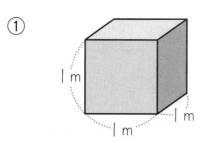

式

$1 × 1 × 1 = 1$

答え _____

②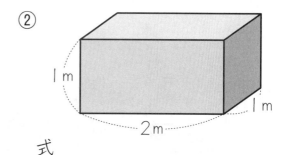

式

答え _____

2　1m³は何cm³ですか。

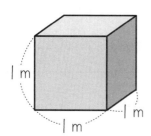

①　1mをcmの単位にしましょう。

$1m = 100cm$

②　体積を計算しましょう。

式

答え _____

3　図のような立体の体積を（cm³）の単位で求めましょう。

①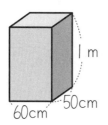

式

答え _____

②

式

答え _____

13

体積と単位の関係について答えましょう。

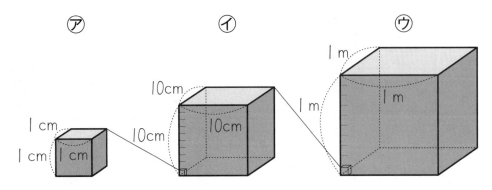

	⑦	⑦	⑦
Ⅰ辺の長さ	Ⅰcm	10cm	Ⅰm
正方形の面積	Ⅰcm²	100cm²	Ⅰm² 10000cm²
立方体の体積	Ⅰcm³	1000cm³	Ⅰm³ 1000000cm³
	①	1000mL ⅠL	③

① ⅠLは1000mLです。ⅠmLは何cm³ですか。

② 辺の長さが10倍になると、体積は何倍になりますか。

③ Ⅰm³は何Lですか。

1 厚さ１cmの入れ物があります。
　この入れ物に入る水の体積は何cm³ですか。

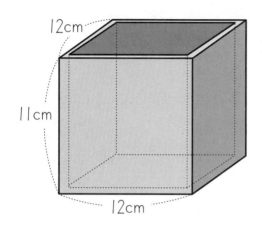

式　　たて　　　12－2＝10

　　　横　　　12－2＝10

　　　高さ　　　11－1＝10

10×10×10＝1000

答え _____

2 厚さ２cmの入れ物があります。
　この入れ物に入る水の体積は何cm³ですか。

式

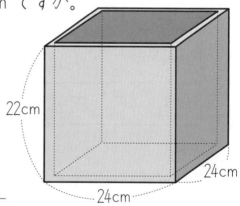

答え _____

3 水がちょうど１m³入る厚さ10cmの水そうの
たて、横、高さを（m）の単位で求めましょう。

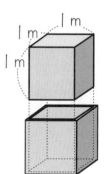

たて　　　　　　　　答え _____

横　　　　　　　　　答え _____

高さ　　　　　　　　答え _____

15

◎　1mのねだんが50円のリボンがあります。

買う長さが1m、2m、3m、……と変わるとき、代金はどのように変わるか調べましょう。

①　長さ□mが、1m、2m、……のときの代金をかきましょう。

1m　　　　　　　　　　　　　　50 × 1 = ⬜ 50

2m　　　　　　　　　　　　　　50 × 2 = ⬜ 100

3m　　　　　　　　　　　　50 × 3 = ⬜ 150

②　長さ□mと代金○円の関係を表にかきましょう。

長さ　□（m）	1	2	3	4	5	6	
代金　○（円）	50						

（2倍、3倍の矢印）

③　表より、代金は長さに比例するといえますか。

答え _____

④　長さ□mと代金○円の関係を式にしましょう。

式

16

　１まいのねだんが20円の画用紙があります。

　買うまい数が１まい、２まい、３まい、……と変わるとき、代金はどのように変わるか調べましょう。

１まい20円

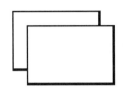

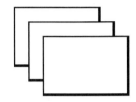

① まい数□と代金○の関係を表にかきましょう。

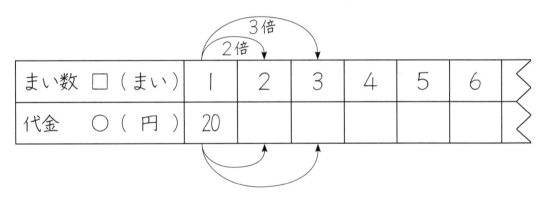

まい数 □（まい）	1	2	3	4	5	6	
代金　○（ 円 ）	20						

② 代金はまい数に比例するといえますか。

答え＿＿＿＿＿＿＿＿

③ まい数□まいと代金○円の関係を式にしましょう。

　式

17

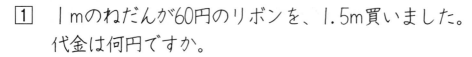
1 1mのねだんが60円のリボンを、1.5m買いました。
   代金は何円ですか。

   式　$\boxed{60}$ × $\boxed{1.5}$ = $\boxed{90}$

   ↓10倍　　　↑$\frac{1}{10}$倍

   $\boxed{60}$ × $\boxed{15}$ = $\boxed{900}$

   答え＿＿＿＿＿＿＿＿＿

2 1mの重さが120gのロープがあります。
   このロープ0.4mの重さは何gですか。

   式

   答え＿＿＿＿＿＿＿＿＿

3 次の計算をしましょう。

   ①　100×0.5＝

   ②　80 ×0.5＝

   ③　60 ×0.7＝

   ④　100×1.2＝

18

① 1mの重さが2.31kgの鉄のぼうがあります。
　この鉄のぼう3.2mの重さは何kgですか。

式　 2.31 　×　 3.2 　=　 7.392

　　　↓100倍　　　↓10倍　　　↑$\frac{1}{1000}$倍

　　 231 　×　 □ 　=　 □

　　　　　　　　　　　　　　　　　　答え＿＿＿＿＿＿＿＿＿＿＿

② 小数のかけ算の答えに、正しい小数点をつけましょう。

① 21.56 × 0.3 = 6.468
　右へ2ケタ→　右へ1ケタ→　←左へ3ケタ

② 1.56 × 3.5 = 5460

③ 23.56 × 2.3 = 54188

④ 0.256 × 1.23 = 031488

⑤ 9.547 × 4.31 = 4114757

⑥ 8.879 × 3.264 = 28981056

19

4 小数のかけ算 ③ 名前

24×1.2 の筆算を考えます。

```
      2 4
  ×   1.2   ⇐小数点以下
  ─────      1個
      4 8
  2 4
  ─────
  2 8.8
```
└─左へ1個

- 小数点以下1個
- ふつうのかけ算をする
- 積の小数点を1個移動する

以下1個の
計算だよ!!

🌸 次の計算をしましょう。

①
```
        4
  × 3.6
  ─────
```

②
```
        5
  × 4.7
  ─────
```

③
```
      2 3
  × 1.3
  ─────
```

④
```
      2 1
  × 1.4
  ─────
```

⑤
```
      6 4
  × 4.2
  ─────
```

⑥
```
      7 9
  × 8.4
  ─────
```

⑦
```
      4 3
  × 3.2
  ─────
```

20

4.7×7.3 の筆算を考えます。

		4	.	7	⇐小数点以下１個
	×	7	.	3	⇐小数点以下１個
		1	4	1	
	3	2	9		
3	4	.	3	1	

- 小数点以下２個
- ふつうのかけ算をする
- 積の小数点を２個移動する

以下２個の
計算だよ!!

🌸　次の計算をしましょう。

①

		3	.	6
	×	8	.	4

②

		5	.	7
	×	7	.	2

③

		3	.	8
	×	8	.	9

④

		7	.	8
	×	9	.	8

⑤

		6	.	7
	×	3	.	6

⑥

		9	.	9
	×	8	.	9

21

❀ 次の計算をしましょう。不要な0は消します。

①
```
    5.4
×   7.5
```

②
```
    2.5
×   6.2
```

③
```
    3.6
×   9.5
```

④
```
    6.5
×   7.6
```

⑤
```
    2.5
×   8.4
```

⑥
```
    7.5
×   4.8
```

⑦
```
    4.4
×   2.5
```

⑧
```
    3.6
×   7.5
```

⑨
```
    6.8
×   2.5
```

● 次の計算をしましょう。

①
```
      0 . 3
  ×   0 . 6
```

②
```
      0 . 8
  ×   0 . 8
```

③
```
    0 . 0 6
  ×     0 . 2
```

④
```
      0 . 2
  ×   0 . 3
```

⑤
```
      0 . 4
  ×   0 . 2
```

⑥
```
    0 . 0 3
  ×     0 . 2
```

⑦
```
      0 . 5
  ×   0 . 6
```

⑧
```
      0 . 4
  ×   0 . 5
```

⑨
```
    0 . 0 5
  ×     0 . 8
```

⑩
```
    1 . 2 6
  ×     0 . 3
```

⑪
```
    2 . 0 3
  ×     0 . 4
```

⑫
```
    3 . 0 6
  ×     0 . 5
```

23

4 小数のかけ算 ⑦

名前

◎ 次の計算をしましょう。

①

```
    1 2.8
×     4.2
```

②

```
    1 1.1
×     3.2
```

③

```
    1 8.7
×     4.4
```

④

```
    2.5 7
×     2.4
```

⑤

```
    3.2 4
×     2.4
```

⑥

```
    1.8 9
×     2.8
```

⑦

```
    3.1 4
×     2.5
```

⑧

```
    2.4 5
×     1.8
```

⑨

```
    1.7 6
×     3.5
```

24

次の計算をしましょう。

①
$$\begin{array}{r} 2.79 \\ \times\ \ 9.4 \\ \hline \end{array}$$

②
$$\begin{array}{r} 3.46 \\ \times\ \ 5.7 \\ \hline \end{array}$$

③
$$\begin{array}{r} 6.41 \\ \times\ \ 4.5 \\ \hline \end{array}$$

④
$$\begin{array}{r} 4.26 \\ \times\ 0.57 \\ \hline \end{array}$$

⑤
$$\begin{array}{r} 2.38 \\ \times\ 0.63 \\ \hline \end{array}$$

⑥
$$\begin{array}{r} 6.47 \\ \times\ 0.86 \\ \hline \end{array}$$

⑦
$$\begin{array}{r} 1.48 \\ \times\ 0.85 \\ \hline \end{array}$$

⑧
$$\begin{array}{r} 3.34 \\ \times\ 0.65 \\ \hline \end{array}$$

⑨
$$\begin{array}{r} 7.14 \\ \times\ 0.55 \\ \hline \end{array}$$

1 くふうして計算しましょう。

   25×4＝100!!

① 1.8×2.5×4＝ $1.8 \times (2.5 \times 4)$
         ＝18

② 1.2×0.8×5＝

2 くふうして計算しましょう。

① 2.8×0.8＋2.2×0.8＝$(2.8+2.2) \times 0.8$

② 6.7×0.3＋3.3×0.3

3 くふうして計算しましょう。

① 25.5×4＝ $\boxed{25}$ ×4＋ $\boxed{0.5}$ ×4＝ $\boxed{}$

② 15.5×4＝ $\boxed{}$ ×4＋ $\boxed{0.5}$ ×4＝ $\boxed{}$

③ 9.6×25＝ $\boxed{10}$ ×25－ $\boxed{}$ ×25＝ $\boxed{}$

1　1Lの重さが200gのパン粉があります。
　　このパン粉0.5Lの重さは何gですか。

式　200 × 0.5 ＝100

答え _____

2　1mのねだんが300円のリボンがあります。
　　このリボン0.3mの代金は何円ですか。

式

答え _____

3　積が10より大きくなるものには○、小さくなるものには×をつけましょう。

① [　　]　10×0.3　　② [　　]　10×1.5

③ [　　]　10×0.99　　④ [　　]　10×2.01

4　積が5より大きくなるものには○、小さくなるものには×をつけましょう。

① [　　]　5× 0.3　　② [　　]　5× 1.01

③ [　　]　5× 3.14　　④ [　　]　5× 0.99

27

1 はり金を1.5mの重さをはかったら、重さは3kgでした。
　このはり金 1mの重さは何kgですか。

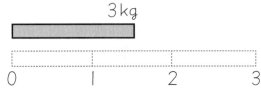

3kg

0　　　1　　　2　　　3

式　　3 ÷ 1.5

↓10倍　　↓10倍

30 ÷ 15 = 2

答え _____

2 わられる数、わる数をそれぞれ10倍して、計算をしましょう。

① 5÷2.5=50÷25=2

② 9÷1.5=

③ 4÷0.2=

④ 1÷0.5=

3 次の計算をしましょう。

① 2÷0.5=□　　　　② 4÷0.8=□

③ 10÷0.2=□　　　④ 20÷0.5=□

72÷2.4 の筆算を考えます。

```
        3 0
2.4)7 2 0
    7 2
        0
```

- わる数を10倍する
- わられる数も10倍して720で、商の小数点を打つ
- あとはふつうのわり算

🌸　次の計算をしましょう。

①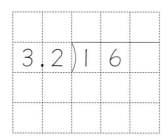

②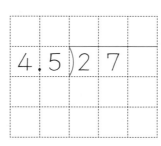

③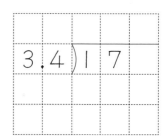

④

⑤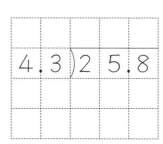

⑥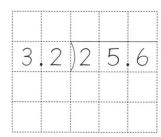

⑦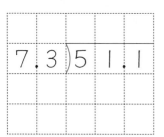

⑧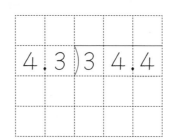

⑨ 8.7)4 3.5

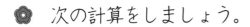

◉　次の計算をしましょう。

①

6.5〉9.1

②

3.5〉8.4

③

4.5〉7.2

④

1.7〉2.0 4

⑤

2.8〉8.6 8

⑥

5.6〉7.8 4

⑦

1.3〉1 8.2

⑧

1.8〉2 3.4

⑨

2.4〉2 8.8

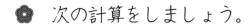

❀ 次の計算をしましょう。

①

```
        0.
3.9)1.9 5
```

②

```
2.3)1.8 4
```

③

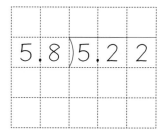

```
5.8)5.2 2
```

④

```
        0.
2.4)1.8
```

⑤

```
4.8)1.2
```

⑥

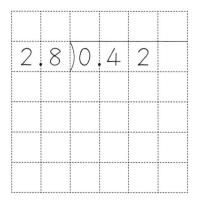

```
2.8)0.4 2
```

⑦

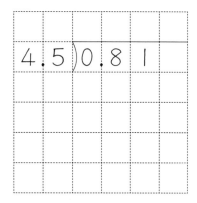

```
4.5)0.8 1
```

5 小数のわり算 ⑤

名前

◎ 次の計算をしましょう。

①

②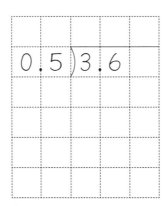

③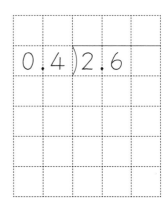

④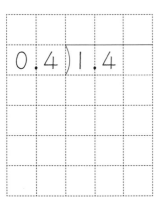

⑤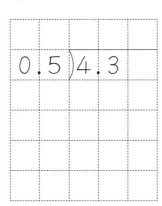

⑥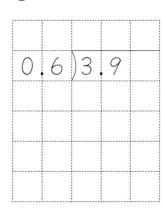

⑦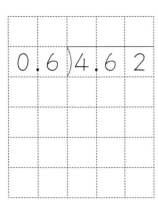

⑧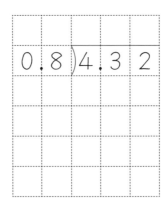

⑨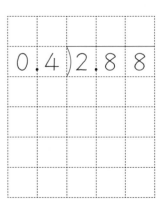

❀ 次の計算をしましょう。

①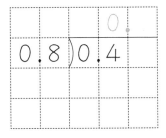

②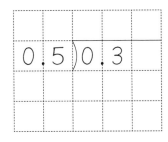

③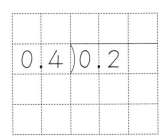

④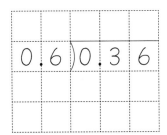

⑤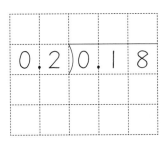

⑥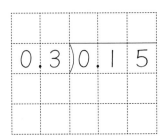

⑦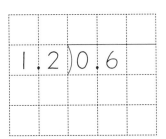

⑧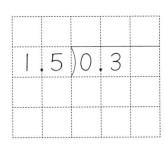

⑨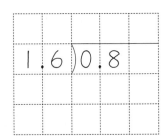

⑩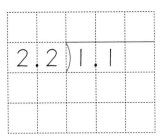

⑪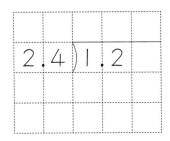

⑫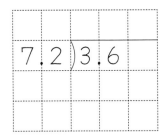

◉ わり切れるまで計算しましょう。

① 6.4)4.8

② 2.5)2.3

③ 1.2)0.9

④ 3.2)0.8

⑤ 5.6)9.8

⑥ 5.2)6.5

商を一の位まで求め、あまりを考えます。

$$
\begin{array}{r}
3. \\
0.8\overline{)2.5} \\
2\,4 \\
\hline
0.1
\end{array}
$$

・わる数、わられる数を10倍して
　商の小数点を打つ
・商3をたてて、かける、ひく
・もとの小数点の位置を下ろし、あまり0.1

✿　商は一の位まで求め、あまりを出しましょう。

①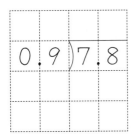

$0.9\overline{)7.8}$

　□ あまり □

②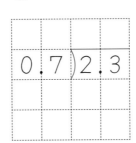

$0.7\overline{)2.3}$

　□ あまり □

③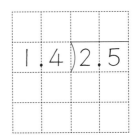

$1.4\overline{)2.5}$

　□ あまり □

④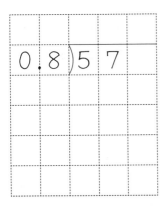

$0.8\overline{)57}$

　□ あまり □

⑤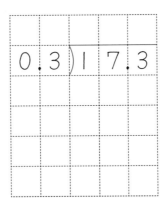

$0.3\overline{)17.3}$

　□ あまり □

⑥

$1.8\overline{)43.7}$

　□ あまり □

◎ 商は四捨五入して、$\frac{1}{10}$ の位まで求めましょう。

①

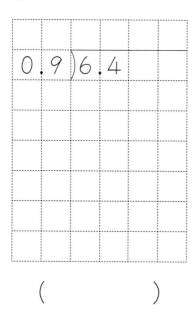

0.9〉6.4

(　　　　　　)

②

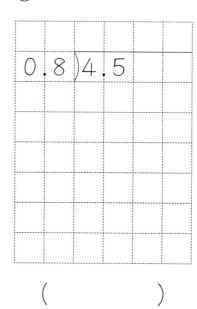

0.8〉4.5

(　　　　　　)

③

2.1〉3.9

(　　　　　　)

④

3.5〉7.6

(　　　　　　)

1　3.2mの重さが0.8kgのロープがあります。

① このロープ1mの重さは何kgですか。

式　0.8 ÷ 3.2 = 0.25

答え＿＿＿＿＿＿＿＿＿

② このロープ1kgの長さは何mですか。

式

答え＿＿＿＿＿＿＿＿＿

2　5.6Lの重さが2.8kgのすながあります。

① すな1Lの重さは何kgですか。

式

答え＿＿＿＿＿＿＿＿＿

② すな1kgのとき何Lになりますか。

式

答え＿＿＿＿＿＿＿＿＿

1　⑦と合同な図形の記号をかきましょう。

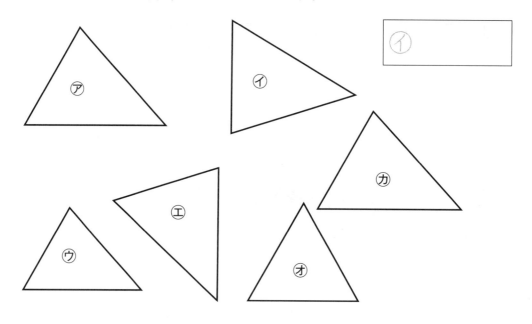

2　⑦と合同な図形の記号をかきましょう。

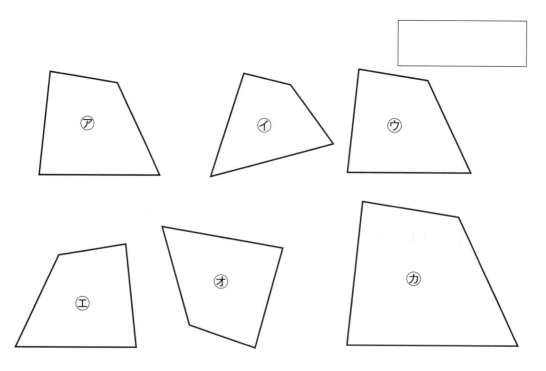

1　㋐、㋑の四角形は合同です。㋐、㋑をぴったり重ねたとき、重なり合う点をそれぞれ答えましょう。

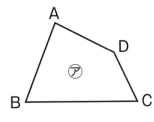

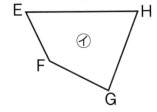

① 点 A　と　点 G

② 点 B　と　点

③ 点 C　と　点

④ 点 D　と　点

2　㋐、㋑の四角形は合同です。

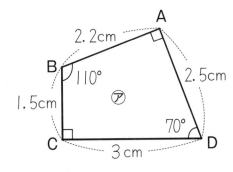

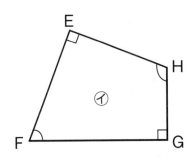

① 対応する辺と角を答えましょう。

辺 AD　と　辺　　　　　　　　辺 BC　と　辺

角 A　と　角　　　　　　　　角 D　と　角

② 対応する辺の長さ、角の大きさを答えましょう。

辺 EH ＝　　　　cm　　　　　辺 EF ＝　　　　cm

辺 FG ＝　　　　cm　　　　　角 F ＝　　　　°

四角形の対角線について調べます。

① 1本の対角線でできる、2つの三角形がすべて合同になる四角形に○をつけましょう。

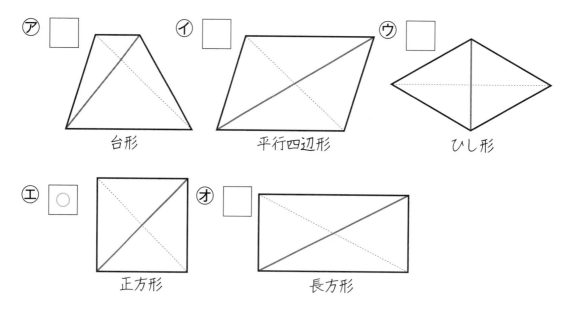

㋐ □ 台形　　㋑ □ 平行四辺形　　㋒ □ ひし形

㋓ ○ 正方形　　㋔ □ 長方形

② 2本の対角線でできる、4つの三角形がすべて合同になる四角形に○をつけましょう。

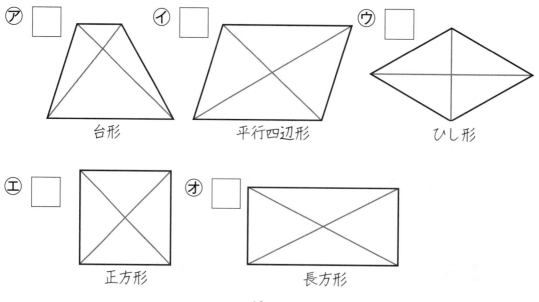

㋐ □ 台形　　㋑ □ 平行四辺形　　㋒ □ ひし形

㋓ □ 正方形　　㋔ □ 長方形

6 合同な図形 ④

名前

❀ 2つの辺の長さと、その間の角の大きさをもとにして、合同な三角形をかきましょう。

①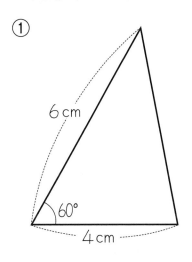

6 cm
60°
4 cm

②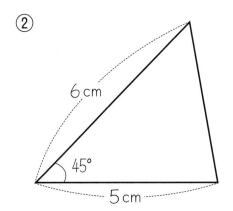

6 cm
45°
5 cm

③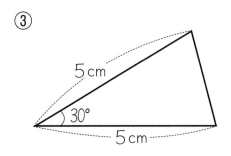

5 cm
30°
5 cm

41

❀ １つの辺の長さと、その両はしの２つの角の大きさをもとにして、合同な三角形をかきましょう。

①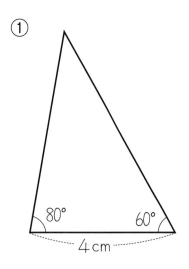

②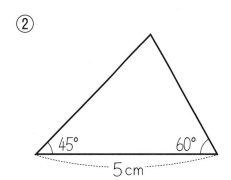

③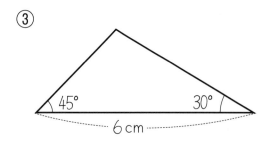

6 合同な図形 ⑥

🌼 ３つの辺の長さをもとにして、合同な三角形をかきましょう。

①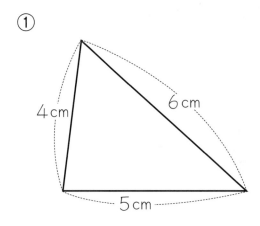

②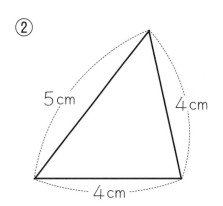

③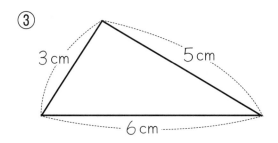

7 整数の性質 ①

名前

1から20までの数を、2でわったとき、わり切れる整数を 偶数、わり切れない整数を 奇数 といいます。0は偶数とします。

整数

偶数	奇数
0、2、4、6、8、10、12、14、16、18、20	1、3、5、7、9、11、13、15、17、19

1　次の整数を偶数と奇数に分ましょう、

8、9、13、16、27、28、34、35

偶数 _____

奇数 _____

2　□に偶数か奇数をかきましょう。

① 偶数 ＋ 偶数 ＝ □

② 偶数 ＋ 奇数 ＝ □

③ 奇数 ＋ 奇数 ＝ □

④ 偶数 × 奇数 ＝ □

⑤ 奇数 × 奇数 ＝ □

2＋2＝…
2＋1＝…
とかで、ためしてみるといいよ!!

2に整数をかけてできる数を、**2の倍数** といいます。

2の倍数は、2、4、6、8、10、12、14、16、18、……

といくらでもあります。

□にあてはまる数をかきましょう。

① 3の倍数

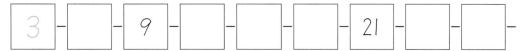

3		9			21		

② 4の倍数

4		12			28		

③ 5の倍数

5	10	15			35		

④ 6の倍数

6	12				42		

⑤ 7の倍数

7	14				49		

⑥ 8の倍数

8		24			56		

⑦ 9の倍数

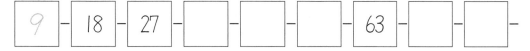

9	18	27			63		

3と5の共通な倍数を **3と5の公倍数** といいます。また、公倍数のうちで、いちばん小さい数を **最小公倍数** といいます。

1 3と5の公倍数を求めましょう。

① 3の倍数を10個かきましょう。

_____

② 5の倍数を9個かきましょう。

_____

③ 3と5の公倍数を2つと、最小公倍数を求めましょう。

答え　公倍数 □ □　　最小公倍数 □

2 4と8の公倍数を求めましょう。

① 4の倍数を9個かきましょう。

_____

② 8の倍数を9個かきましょう。

_____

③ 4と8の公倍数を3つ、最小公倍数を求めましょう。

答え　公倍数 □ □ □　　最小公倍数 □

① 4と6の公倍数を求めましょう。

① 4の倍数を9個かきましょう。

_____

② 6の倍数を9個かきましょう。

_____

③ 4と6の公倍数を3つ、最小公倍数を求めましょう。

答え　公倍数 [　] [　] [　]　　最小公倍数 [　]

最小公倍数の見つけ方

```
 1)2 , 3        共通でわれる数は1だけ
   2   3        1×2×3＝6  最小公倍数
```

```
 2)2 , 4        共通でわれる数は2
   1   2        2×1×2＝4  最小公倍数
```

```
 2)4 , 6        共通でわれる数は2
   2   3        2×2×3＝12  最小公倍数
```

◉ 次の中の数の最小公倍数をかきましょう。

① 8，9

② 5，9

（　　　　　　　） （　　　　　　　）

③ 5，15

④ 6，18

（　　　　　　　） （　　　　　　　）

⑤ 5，3

⑥ 10，3

（　　　　　　　） （　　　　　　　）

⑦ 20，5

⑧ 10，30

（　　　　　　　） （　　　　　　　）

⑨ 6，36

⑩ 42，7

（　　　　　　　） （　　　　　　　）

1 12個のみかんを同じ数で何人かに分けます。

① あまりなく分けられる数に〇をつけましょう。

1あたりの個数	1	2	3	4	5	6	7	8	9	10	11	12
あまりなし	〇	〇	〇									
分けられる人数	12	6	4									1

② あまりなく分けられる人数を小さい順にかきましょう。

1 2 □ □ □ □

12をわり切ることのできる整数を **12の約数** といいます。

2 それぞれの数のわり切れる数を〇で囲みましょう。

① 4の約数

0 ①② 3 ④

② 9の約数

0 1 2 3 4 5 6 7 8 9

③ 16の約数

0 1 2 3 4 5 6 7 8 9 10 11 12 13 14 15 16

1　6と9の約数、公約数、最大公約数を求めましょう。

① 6の約数をかきましょう。

6の約数　（　　　　　　　　　　　）

② 9の約数をかきましょう。

9の約数　（　　　　　　　　　　　）

③ 6と9の公約数と最大公約数を求めましょう。

答え　公約数は □ □　　最大公約数は □

2　12と18の約数、公約数、最大公約数を求めましょう。

① 12の約数をかきましょう。

12の約数　（　　　　　　　　　　　）

② 18の約数をかきましょう。

18の約数　（　　　　　　　　　　　）

③ 12と18の公約数と最大公約数を求めましょう。

答え　公約数は □ □ □ □　　最大公約数は □

1 16と20の約数、公約数、最大公約数を求めましょう。

① 16の約数をかきましょう。

16の約数 （　　　　　　　　　　　　　　　　　）

② 20の約数をかきましょう。

20の約数 （　　　　　　　　　　　　　　　　　）

③ 16と20の公約数と最大公約数を求めましょう。

答え　公約数は □ □ □　　　　最大公約数は □

最大公約数の見つけ方

```
  2 ) 12   18      12も18も2でわり切れる
↓ 3 ) 6    9       6も9も3でわり切れる
      2    3       共通でわり切れるものは1のみ
```
最大公約数　2×3＝6

次の中の数の最大公約数をかきましょう。

① 4, 12

② 5, 15

( )　　( )

③ 14, 21

④ 15, 20

( )　　( )

⑤ 16, 20

⑥ 12, 30

( )　　( )

⑦ 8, 24

⑧ 4, 16

( )　　( )

⑨ 18, 45

⑩ 16, 40

( )　　( )

1 高さが4cmの箱と、高さが7cmの箱をそれぞれ積んでいきます。

2つの箱が最初に高さが等しくなるのは、何cmのときですか。

答え _____

2 たて4cm、横5cmの長方形の紙を同じ向きにすきまなくしきつめ、正方形をつくります。

できる正方形でいちばん小さいものは1辺の長さが何cmのときですか。

答え _____

3 たて27cm、横36cmの長方形の中に、すきまなくしきつめられる最大の正方形の1辺の長さは何cmですか。また、その正方形が何まいでしきつめられますか。

答え 1辺の長さ _____ の正方形、_____

1　わり算を分数で表しましょう。

① $2 \div 3 = \dfrac{2}{3}$

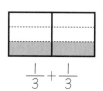

$\dfrac{1}{3} + \dfrac{1}{3}$

② $4 \div 3 =$

2　わり算の商を分数で表しましょう。

① $1 \div 2 = \dfrac{1}{2}$　　　　② $2 \div 3 = $ ——

③ $3 \div 4 = $ ——　　　　④ $4 \div 5 = $ ——

⑤ $5 \div 6 = $ ——　　　　⑥ $1 \div 10 = $ ——

⑦ $5 \div 4 = $ ——　　　　⑧ $7 \div 5 = $ ——

⑨ $9 \div 5 = $ ——　　　　⑩ $10 \div 7 = $ ——

1 □にあてはまる数をかきましょう。

① $\dfrac{5}{9} = 5 \div \boxed{9}$

② $\dfrac{4}{5} = 4 \div \boxed{}$

③ $\dfrac{12}{13} = 12 \div \boxed{}$

④ $\dfrac{17}{29} = 17 \div \boxed{}$

⑤ $\dfrac{4}{7} = 4 \div \boxed{}$

⑥ $\dfrac{10}{19} = 10 \div \boxed{}$

⑦ $\dfrac{16}{31} = 16 \div \boxed{}$

⑧ $\dfrac{22}{37} = 22 \div \boxed{}$

2 □にあてはまる数をかきましょう。

① $\dfrac{1}{3} = \boxed{1} \div 3$

② $\dfrac{5}{7} = \boxed{} \div 7$

③ $\dfrac{9}{11} = \boxed{} \div 11$

④ $\dfrac{13}{15} = \boxed{} \div 15$

⑤ $\dfrac{17}{19} = \boxed{} \div 19$

⑥ $\dfrac{5}{8} = \boxed{} \div 8$

⑦ $\dfrac{9}{41} = \boxed{} \div 41$

⑧ $\dfrac{13}{43} = \boxed{} \div 43$

⑨ $\dfrac{17}{47} = \boxed{} \div 47$

⑩ $\dfrac{21}{51} = \boxed{} \div 51$

1 赤いテープは3m、青いテープは5mです。
　　赤のテープの長さは青いテープの何倍ですか。

赤 ▭

青 ▭

式　$3 \div 5 = \dfrac{3}{5}$

答え ＿＿＿＿＿＿＿＿＿

2 赤いえんぴつは9cm、青いえんぴつは11cmです。
　　青いえんぴつの長さは赤いえんぴつの何倍ですか。

式

答え ＿＿＿＿＿＿＿＿＿

3 子犬の体重は3kg、親犬の体重は10kgです。

① 親犬の体重は、子犬の体重の何倍ですか。

式

答え ＿＿＿＿＿＿＿＿＿

② 子犬の体重は、親犬の体重の何倍ですか。

式

答え ＿＿＿＿＿＿＿＿＿

1 4mのテープを5等分しました。1個分は何mですか。

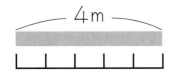

① 1個分を分数で答えましょう。

式 $4 \div 5 = \dfrac{4}{5}$　　　　答え　$\dfrac{4}{5}$ m

② 1個分を小数で答えましょう。

式 $4 \div 5 = 0.8$　　　　答え　0.8m

2 □にあてはまる数をかきましょう。

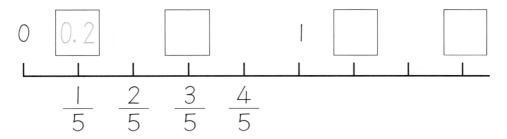

3 分数を小数で表しましょう。

① $\dfrac{3}{5}$ = □ ÷ □ = 0.6

② $\dfrac{3}{4}$ = □ ÷ □ =

③ $\dfrac{3}{8}$ = □ ÷ □ =

1 小数を分数で表しましょう。

① $0.1 = \dfrac{1}{10}$　　② $0.2 = $ ——　　③ $0.3 = $ ——

④ $1.1 = $ ——　　⑤ $1.2 = $ ——　　⑥ $2.5 = $ ——

2 小数を分数で表しましょう。

① $0.01 = $ ——　　② $0.02 = $ ——　　③ $0.11 = $ ——

④ $0.28 = $ ——　　⑤ $1.25 = $ ——　　⑥ $8.56 = $ ——

⑦ $1.01 = $ ——　　⑧ $2.05 = $ ——　　⑨ $9.08 = $ ——

3 整数を分母が 1 の分数で表しましょう。

① $3 = \dfrac{3}{1}$　　② $5 = $ ——　　③ $10 = $ ——

④ $12 = $ ——　　⑤ $50 = $ ——　　⑥ $99 = $ ——

⑦ $100 = $ ——　　⑧ $150 = $ ——　　⑨ $999 = $ ——

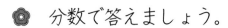 分数で答えましょう。

① 20mは35mの何倍ですか。

式 $20 \div 35 = \dfrac{20}{35} = \dfrac{4}{7}$

答え _____

② 3kgは5kgの何倍ですか。

式

答え _____

③ 15cmは6cmの何倍ですか。

式

答え _____

④ 5cmを1と見ると、2cmはいくつになりますか。

式

答え _____

⑤ 2cmを1と見ると、5cmはいくつになりますか。

式

答え _____

⑥ 2kgをもとにすると、15kgは何倍ですか。

式

答え _____

1 図を見て分数に表しましょう。

① $\dfrac{1}{4}$　② $\dfrac{2}{8}$　③ $\dfrac{3}{12}$　④ $\dfrac{4}{16}$

2 図を見て分数に表しましょう。

① 　② 　③ 　④

3 図を見て分数に表しましょう。

① 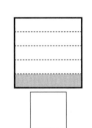　② 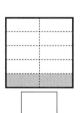　③ 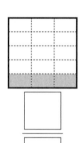　④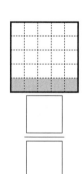

4 同じ大きさの分数で、□にあてはまる数をかきましょう。

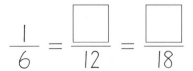

① $\dfrac{1}{6} = \dfrac{\square}{12} = \dfrac{\square}{18}$　② $\dfrac{1}{7} = \dfrac{\square}{14} = \dfrac{\square}{28}$

60

1　同じ大きさの分数をつくりましょう。

① $\dfrac{1}{7} = \dfrac{2}{14}$　　② $\dfrac{2}{7} = \dfrac{\boxed{}}{14}$　　③ $\dfrac{3}{7} = \dfrac{\boxed{}}{21}$

④ $\dfrac{1}{8} = \dfrac{\boxed{}}{24}$　　⑤ $\dfrac{7}{9} = \dfrac{\boxed{}}{36}$　　⑥ $\dfrac{3}{10} = \dfrac{\boxed{}}{20}$

⑦ $\dfrac{1}{9} = \dfrac{5}{\boxed{}}$　　⑧ $\dfrac{5}{6} = \dfrac{15}{\boxed{}}$　　⑨ $\dfrac{7}{8} = \dfrac{28}{\boxed{}}$

2　同じ大きさの分数をつくりましょう。

① $\dfrac{1}{10} = \dfrac{}{20} = \dfrac{5}{} = \dfrac{}{70} = \dfrac{9}{}$

② $\dfrac{2}{5} = \dfrac{}{10} = \dfrac{6}{} = \dfrac{}{20} = \dfrac{10}{}$

③ $\dfrac{3}{4} = \dfrac{6}{} = \dfrac{12}{} = \dfrac{15}{} = \dfrac{18}{}$

④ $\dfrac{3}{5} = \dfrac{6}{} = \dfrac{12}{} = \dfrac{15}{} = \dfrac{18}{}$

⑤ $\dfrac{4}{9} = \dfrac{}{27} = \dfrac{}{36} = \dfrac{}{54} = \dfrac{}{72}$

1 約分しましょう。

① $\dfrac{2}{10} = \dfrac{1}{5}$　　② $\dfrac{3}{9} = -$　　③ $\dfrac{4}{12} = -$

④ $\dfrac{6}{12} = -$　　⑤ $\dfrac{10}{20} = -$　　⑥ $\dfrac{5}{15} = -$

⑦ $\dfrac{11}{22} = -$　　⑧ $\dfrac{12}{24} = -$　　⑨ $\dfrac{13}{26} = -$

2 約分しましょう。

① $\dfrac{4}{10} = -$　　② $\dfrac{8}{28} = -$　　③ $\dfrac{6}{21} = -$

④ $\dfrac{6}{27} = -$　　⑤ $\dfrac{10}{25} = -$　　⑥ $\dfrac{10}{35} = -$

⑦ $\dfrac{18}{27} = -$　　⑧ $\dfrac{12}{30} = -$　　⑨ $\dfrac{16}{40} = -$

3 約分しましょう。

① $\dfrac{6}{10} = -$　　② $\dfrac{8}{10} = -$　　③ $\dfrac{9}{12} = -$

④ $\dfrac{6}{8} = -$　　⑤ $\dfrac{15}{20} = -$　　⑥ $\dfrac{10}{15} = -$

⑦ $\dfrac{15}{30} = -$　　⑧ $\dfrac{12}{36} = -$　　⑨ $\dfrac{16}{32} = -$

❀ （ ）の中の分数を通分しましょう。

① $\left(\dfrac{3}{4}, \dfrac{2}{3}\right) = \left(\qquad, \qquad\right)$

② $\left(\dfrac{3}{4}, \dfrac{4}{5}\right) = \left(\qquad, \qquad\right)$

③ $\left(\dfrac{5}{6}, \dfrac{4}{5}\right) = \left(\qquad, \qquad\right)$

④ $\left(\dfrac{6}{7}, \dfrac{7}{8}\right) = \left(\qquad, \qquad\right)$

⑤ $\left(\dfrac{4}{5}, \dfrac{9}{10}\right) = \left(\qquad, \qquad\right)$

⑥ $\left(\dfrac{1}{2}, \dfrac{1}{3}\right) = \left(\dfrac{3}{6}, \dfrac{2}{6}\right)$

⑦ $\left(\dfrac{1}{3}, \dfrac{1}{4}\right) = \left(\qquad, \qquad\right)$

⑧ $\left(\dfrac{1}{5}, \dfrac{1}{6}\right) = \left(\qquad, \qquad\right)$

⑨ $\left(\dfrac{1}{4}, \dfrac{1}{6}\right) = \left(\qquad, \qquad\right)$

9 分数のたし算とひき算 ⑤ 名前

（ ）の中の分数を通分しましょう。

① $\left(\dfrac{2}{8}, \dfrac{5}{6}\right) = \left(\dfrac{6}{24}, \dfrac{20}{24}\right)$

② $\left(\dfrac{2}{9}, \dfrac{1}{6}\right) = \left(\quad, \quad\right)$

③ $\left(\dfrac{3}{8}, \dfrac{2}{5}\right) = \left(\quad, \quad\right)$

④ $\left(\dfrac{2}{9}, \dfrac{3}{4}\right) = \left(\quad, \quad\right)$

⑤ $\left(\dfrac{3}{8}, \dfrac{2}{3}\right) = \left(\quad, \quad\right)$

⑥ $\left(\dfrac{13}{18}, \dfrac{4}{9}\right) = \left(\quad, \quad\right)$

⑦ $\left(\dfrac{25}{28}, \dfrac{6}{7}\right) = \left(\quad, \quad\right)$

⑧ $\left(\dfrac{33}{36}, \dfrac{8}{9}\right) = \left(\quad, \quad\right)$

⑨ $\left(\dfrac{43}{55}, \dfrac{10}{11}\right) = \left(\quad, \quad\right)$

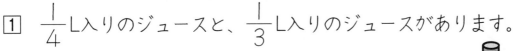

1 $\dfrac{1}{4}$ L入りのジュースと、$\dfrac{1}{3}$ L入りのジュースがあります。

① あわせると、何Lになりますか。

式　$\dfrac{1}{4} + \dfrac{1}{3} = \dfrac{3}{12} + \dfrac{4}{12}$

　　　　　　　$= \dfrac{7}{12}$

答え ＿＿＿＿＿＿＿＿

② ちがいは、何Lになりますか。

式

答え ＿＿＿＿＿＿＿＿

2 $\dfrac{2}{3}$ L入りのジュースと、$\dfrac{3}{5}$ L入りのジュースがあります。

① あわせると、何Lになりますか。

式

答え ＿＿＿＿＿＿＿＿

② ちがいは、何Lになりますか。

式

答え ＿＿＿＿＿＿＿＿

分数のたし算とひき算 ⑦ 名前

◎ 次の計算をしましょう。

① $\dfrac{2}{3} + \dfrac{3}{4} = \dfrac{2 \times 4}{3 \times 4} + \dfrac{3 \times 3}{4 \times 3}$

$= \dfrac{8}{12} + \dfrac{9}{12}$

$= \dfrac{17}{12}$

② $\dfrac{7}{4} + \dfrac{1}{6} = \dfrac{7}{4}\underline{} + \dfrac{1}{6}\underline{}$

③ $\dfrac{4}{3} + \dfrac{6}{5} =$

④ $\dfrac{1}{4} + \dfrac{3}{8} =$

◎ 次の計算をしましょう。

① $\dfrac{2}{3} - \dfrac{1}{4} =$

② $\dfrac{7}{5} - \dfrac{5}{6} =$

③ $\dfrac{9}{20} - \dfrac{2}{5} =$

④ $\dfrac{3}{4} - \dfrac{1}{6} =$

次の計算をしましょう。仮分数は帯分数に直しましょう。

① $\dfrac{2}{5} + \dfrac{3}{4} = \dfrac{8}{20} + \dfrac{15}{20} = \dfrac{23}{20} = 1\dfrac{3}{20}$

② $\dfrac{3}{4} + \dfrac{5}{6} =$

③ $\dfrac{5}{6} + \dfrac{7}{8} =$

④ $\dfrac{20}{28} + \dfrac{3}{4} =$

⑤ $\dfrac{7}{24} + \dfrac{5}{12} =$

⑥ $\dfrac{9}{35} + \dfrac{4}{7} =$

⑦ $\dfrac{7}{32} + \dfrac{9}{16} =$

⑧ $\dfrac{5}{12} + \dfrac{3}{8} =$

✿ 次の計算をしましょう。

① $\dfrac{8}{9} - \dfrac{3}{4} = \underline{\quad\quad} - \underline{\quad\quad} = $

② $\dfrac{6}{7} - \dfrac{5}{6} = $

③ $\dfrac{8}{9} - \dfrac{5}{8} = $

④ $\dfrac{17}{18} - \dfrac{3}{4} = $

⑤ $\dfrac{17}{24} - \dfrac{5}{12} = $

⑥ $\dfrac{15}{28} - \dfrac{3}{7} = $

⑦ $\dfrac{15}{24} - \dfrac{5}{16} = $

⑧ $\dfrac{14}{12} - \dfrac{5}{6} = $

69

帯分数のたし算をしましょう。

① $1\dfrac{2}{3} + 2\dfrac{1}{4} = 1\dfrac{8}{12} + 2\dfrac{3}{12}$

$\qquad\qquad\qquad = 3\dfrac{11}{12}$

② $3\dfrac{1}{2} + 2\dfrac{7}{8} =$

③ $1\dfrac{1}{8} + 2\dfrac{1}{6} =$

④ $2\dfrac{1}{2} + 1\dfrac{5}{6} =$

❀ 帯分数のひき算をしましょう。

① $2\dfrac{2}{5} - 1\dfrac{1}{4} =$

② $3\dfrac{11}{12} - 2\dfrac{3}{4} =$

③ $3\dfrac{1}{9} - 2\dfrac{5}{6} =$

④ $3\dfrac{1}{4} - 1\dfrac{5}{6} =$

71

小数のまざった分数のたし算をしましょう。

① $\dfrac{3}{5} + 0.2 = \dfrac{3}{5} + \dfrac{2}{10}$

$\qquad\qquad = \dfrac{6}{10} + \dfrac{2}{10}$

$\qquad\qquad = \dfrac{8}{10} = \dfrac{4}{5}$

② $\dfrac{3}{4} + 0.75 =$

③ $\dfrac{3}{4} + 0.8 =$

❀ 小数のまざった分数のひき算をしましょう。

① $\dfrac{4}{5} - 0.2 =$

② $\dfrac{7}{10} - 0.25 =$

③ $\dfrac{4}{5} - 0.75 =$

1　1時間＝60分をもとにして、時間を分数を使って表しましょう。

15分を分数で表しましょう。

1時間 ＝ 60 分

$15分 = \dfrac{15}{60} = \dfrac{3}{12} = \dfrac{1}{4}$ 時間

2　1時間＝60分をもとにして、時間を分数を使って表しましょう。

① 20分

$\dfrac{20}{60} = \dfrac{1}{3}$ 時間

② 40分

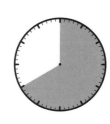

$\dfrac{40}{} = $ 時間

③ 45分

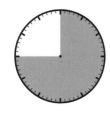

$\dfrac{45}{} = $ 時間

④ 30分

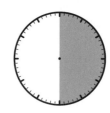

$\dfrac{30}{} = $ 時間

3　1時間＝60分をもとにして、時間を分数を使って表しましょう。

① 5分 ＝ ── 時間

② 10分 ＝ ── 時間

③ 6分 ＝ ── 時間

④ 25分 ＝ ── 時間

⑨ 分数のたし算とひき算 ⑯　名前

1　Ⅰ時間＝60分をもとにして、時間を分数を使って表しましょう。

① 170分 ＝ $\dfrac{170}{60}$ ＝ $2\dfrac{50}{60}$ ＝ $2\dfrac{5}{6}$（時間）

② 210分 ＝ —— ＝ —— ＝ ——（時間）

2　Ⅰ時間＝60分をもとにして、時間を分数を使って表しましょう。

① 90分 ＝ $1\dfrac{1}{2}$ 時間

② 100分 ＝ —— 時間

③ 80分 ＝ —— 時間

④ 150分 ＝ —— 時間

⑤ 70分 ＝ —— 時間

⑥ 200分 ＝ —— 時間

3　Ⅰ分＝60秒をもとにして、時間を分数を使って表しましょう。

① 5秒 ＝ —— 分

② 10秒 ＝ —— 分

③ 15秒 ＝ —— 分

④ 20秒 ＝ —— 分

⑤ 90秒 ＝ —— 分

⑥ 100秒 ＝ —— 分

75

❀ 4個のオレンジからしぼったジュースの量を表にしました。

オレンジ	A	B	C	D
ジュースの量（mL）	60	65	80	75

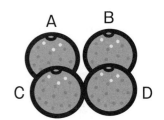

① ジュースの量の合計を求めましょう。

式 $60 + 65 + 80 + 75 = 280$

答え _____

② 平均を求めましょう。

式

答え _____

③ このオレンジを20個しぼると、およそ何mLのジュースがつくれますか。

式

答え _____

④ このオレンジから、3500mLのジュースをつくるには、およそ何個しぼればいいですか。

式

答え _____

10 平　均 ②

名前

1　1日平均3kmずつ走ります。1か月間（30日間）同じように走ると、何km走ることになりますか。

式　3×30＝90

答え _____

2　毎日平均4ページずつプリント学習をします。40日間同じように学習すると、何ページ学習することになりますか。

式

答え _____

3　1日平均50回ずつなわとびをします。3か月間同じようにとぶとすると、何回とぶことになりますか。（1か月＝30日）

式

答え _____

4　1日平均5ページずつ本を読みます。1年間同じように読むと、何ページ読むことになりますか。（1年＝365日）

式

答え _____

77

AとBのうさぎ小屋を比べ、混んでいる方に○をつけましょう。

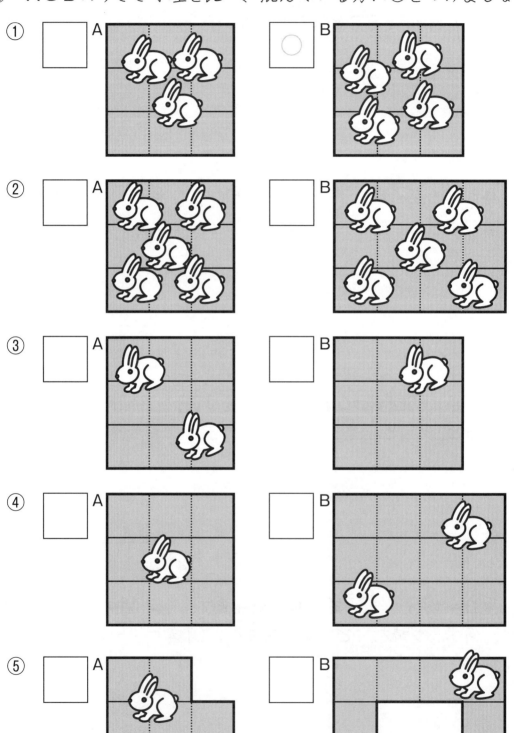

① A　B ○

② A　B

③ A　B

④ A　B

⑤ A　B

78

1 うさぎ小屋の混みぐあいを比べ、
混んでいる方を答えましょう。

	面積（m²）	ウサギの数（ひき）
A	6	3
B	8	5

式　A　$3 \div 6 = 0.5$

　　B　$5 \div 8 = 0.625$

答え _____

2 休み時間の運動場と体育館の
混みぐあいを比べ、混んでいる
方を答えましょう。

	面積（m²）	子どもの数（人）
運動場	3000	96
体育館	800	24

式　運動場

　　体育館

答え _____

3 北駐車場、南駐車場の自動車
の混みぐあいを比べ、混んでいる
方を答えましょう。

	面積（m²）	駐車中の数（台）
北駐車場	900	54
南駐車場	1200	84

式　北駐車場

　　南駐車場

答え _____

1　1km²あたりの人口を「人口密度（みつど）」といいます。

　表を見て、次の問いに答えましょう。

	面積（km²）	人口（人）
A町	16	960
B町	24	1200

① 町の1km²あたりの人口を計算しましょう。

　式　A町　960 ÷ 16 = 60 （人/km²）

　　　B町

② ①より、人口密度が高いのは、どちらですか。

　　　　　　　　　　　　　　　答え _____

2　表を見て、次の問いに答えましょう。

	面積（km²）	人口（人）
A市	50	1200
B市	120	4800
C市	90	1800

① A市、B市、C市の人口密度を計算しましょう。

　式　A市

　　　B市

　　　C市

② いちばん混（こ）んでいるのはどの市ですか。

　　　　　　　　　　　　　　　答え _____

1　次の都市の人口密度を調べましょう。

	面積（km²）	人口（人）
東京都	2200	13200000
大阪府	1900	8900000
京都府	4600	2600000

①　人口密度を上から2けたのがい数で答えましょう。

式　東京　　　　　　　　　　　　答え＿＿＿＿＿＿＿＿＿

　　大阪　　　　　　　　　　　　答え＿＿＿＿＿＿＿＿＿

　　京都　　　　　　　　　　　　答え＿＿＿＿＿＿＿＿＿

②　いちばん混んでいる都市はどこですか。

　　　　　　　　　　　　　　　　答え＿＿＿＿＿＿＿＿＿

2　次の県の人口密度を上から2けたのがい数で調べましょう。

	面積（km²）	人口（人）		面積（km²）	人口（人）
徳島	4100	790000	愛媛	5700	1400000
香川	1900	1000000	高知	7100	760000

式　徳島　　　　　　　　　　　　答え＿＿＿＿＿＿＿＿＿

　　香川　　　　　　　　　　　　答え＿＿＿＿＿＿＿＿＿

　　愛媛　　　　　　　　　　　　答え＿＿＿＿＿＿＿＿＿

　　高知　　　　　　　　　　　　答え＿＿＿＿＿＿＿＿＿

1 同じ種類の米をＡ、Ｂの田でつく
り、とれた米の重さと田の面積を表
にしました。

	面積(a)	とれた重さ (kg)
A	12	540
B	16	640

① それぞれの田の、とれぐあいを計算しましょう。

式　A　540 ÷ 12 = 45

答え _____

　　B

答え _____

② よくとれたのはどの田ですか。

答え _____

2 小麦をＡ，Ｂ，Ｃの畑でつくり、
とれた小麦の重さと畑の面積を表に
しました。

	面積(a)	とれた重さ (kg)
A	24	960
B	32	1600
C	40	1200

① それぞれの畑の、とれぐあいを計算しましょう。

式　A

答え _____

　　B

答え _____

　　C

答え _____

② いちばんよくとれたのはどの畑ですか。

答え _____

82

① 1ダース（12本）1500円のジュースと、10本1200円のジュースでは、1本あたりのねだんはどちらが高いですか。

1ダース1500円のジュース

式

10本1200円のジュース

式

答え _____ の方が高い

② 1ダース（12本）780円のえんぴつと、10本680円のえんぴつでは、1本あたりのねだんはどちらが高いですか。

1ダース780円のえんぴつ

式

10本680円のえんぴつ

式

答え _____ の方が高い

1 ガソリン40Lで320km走る自動車と、ガソリン30Lで270km走る自動車があります。

ガソリン1Lあたりに走る道のりが長いのはどの自動車ですか。

ガソリン40Lで320km走る自動車

式 $320 \div 40 = 8$

ガソリン30Lで270km走る自動車

式

答え _____ の方が長い

2 ガソリン20Lで144km走る自動車と、ガソリン18Lで135km走る自動車があります。

ガソリン1Lあたりに走る道のりが長いのはどの自動車ですか。

ガソリン20Lで144km走る自動車

式

ガソリン18Lで135km走る自動車

式

答え _____ の方が長い

84

1　かべにペンキをぬるのに、1m²あたり0.2L使います。

①　300m²のかべをぬるには、何Lのペンキが必要ですか。

式

答え _____

②　50Lのペンキでは、何m²のかべがぬることができますか。

式

答え _____

2　ガソリン1Lあたり15km走る自動車があります。

①　150km走るには、何Lのガソリンが必要ですか。

式

答え _____

②　12Lのガソリンでは、何km走ることができますか。

式

答え _____

3　A小学校の児童数は450人で、校庭の面積は1人あたり16m²です。

①　校庭の面積は何m²ですか。

式

答え _____

②　児童数が30人増えると1人あたりの校庭の面積は何m²ですか。

式

答え _____

1　3時間で270km走る電車と4時間で320km走る自動車があります。次の問いに答えましょう。

①　電車が1時間あたり進む道のりを求めましょう。

式

答え _____

②　自動車が1時間あたり進む道のりを求めましょう。

式

答え _____

③　電車と自動車どちらが速いですか。

答え _____

2　自転車で3分間で900m走るAさんと4分間で1000m走るBさんがいます。次の問いに答えましょう。

①　Aさんが1分間あたり進む道のりを求めましょう。

式

答え _____

②　Bさんが1分間あたり進む道のりを求めましょう。

式

答え _____

③　AさんとBさんどちらが速いですか。

答え _____

速さ＝道のり÷時間

✿ 次の速さを求めましょう。

① 2時間で200km進む、トラックの時速を求めましょう。

式

答え _____

② 5時間で2800km進む、飛行機の時速を求めましょう。

式

答え _____

③ 30分で24000m進む、自動車の分速を求めましょう。

式

答え _____

④ 5分で400m歩く、Aさんの分速を求めましょう。

式

答え _____

⑤ 8秒で1600m飛ぶ、飛行機の秒速を求めましょう。

式

答え _____

⑥ 5秒で1700m進む音の秒速を求めましょう。

式

答え _____

道のり＝速さ×時間

🌸 次の道のりを求めましょう。

① 時速50kmで走る自動車は2時間で何km進みますか。

式

答え ＿＿＿＿＿＿＿＿

② 時速80kmで走る電車は3時間で何km進みますか。

式

答え ＿＿＿＿＿＿＿＿

③ 分速80mで歩く人は20分間で何m進みますか。

式

答え ＿＿＿＿＿＿＿＿

④ 分速250mで走る自転車は8分間で何m進みますか。

式

答え ＿＿＿＿＿＿＿＿

⑤ 秒速200mで進む飛行機は10秒間で何m進みますか。

式

答え ＿＿＿＿＿＿＿＿

⑥ 秒速340mで進む音は5秒間で何m進みますか。

式

答え ＿＿＿＿＿＿＿＿

時間＝道のり÷速さ

次の時間を求めましょう。

① 時速50kmの自動車が300km進むのに何時間かかりますか。

式　　　　　　　　　　　　　　　　　答え _____

② 時速40kmの台風が200km進むのに何時間かかりますか。

式　　　　　　　　　　　　　　　　　答え _____

③ 分速60mで歩く人が900m進むのに何分かかりますか。

式　　　　　　　　　　　　　　　　　答え _____

④ 分速5kmの新幹線が30km進むのに何分かかりますか。

式　　　　　　　　　　　　　　　　　答え _____

⑤ 秒速200mの飛行機が800m進むのに何秒かかりますか。

式　　　　　　　　　　　　　　　　　答え _____

⑥ 秒速340mの花火の音が6800m進むのに何秒かかりますか。

式　　　　　　　　　　　　　　　　　答え _____

$$秒速 \xrightarrow{\times 60} 分速 \xrightarrow{\times 60} 時速$$

※ 速さを時速、分速、秒速で求めましょう。

① 分速10m → 時速 [600] m

② 分速30m → 時速 [ ] m

③ 秒速5m → 分速 [ ] m

④ 秒速10m → 分速 [ ] m

⑤ 秒速100m → 分速 [ ] m → 分速 [6] km

⑥ 秒速200m → 分速 [ ] m → 分速 [ ] km

⑦ 秒速250m → 分速 [ ] m → 分速 [ ] km

⑧ 分速500m → 時速 [ ] m → 時速 [ ] km

⑨ 分速800m → 時速 [ ] m → 時速 [ ] km

$$時速 \xrightarrow{\div 60} 分速 \xrightarrow{\div 60} 秒速$$

◉ 速さを時速、分速、秒速で求めましょう。

① 時速60km → 分速 [|] km

② 時速120km → 分速 [ ] km

③ 分速300m → 秒速 [ ] m

④ 分速900m → 秒速 [ ] m

⑤ 時速6km → 時速 [6000] m → 分速 [ ] m

⑥ 時速18km → 時速 [ ] m → 分速 [ ] m

⑦ 時速30km → 時速 [ ] m → 分速 [ ] m

⑧ 時速60km → 時速 [ ] m → 分速 [ ] m

⑨ 時速90km → 時速 [ ] m → 分速 [ ] m

1　山本さんは分速60m、川口さんは分速70mで同じ場所を同時に出発して、反対方向に歩きます。

① 1分後に2人は何mはなれますか。

式

答え _____

② 15分後に2人は何mはなれますか。

式

答え _____

2　山本さんは分速60m、川口さんは分速80mで1本道を4.2kmはなれたところから、出会うように同時に歩き出しました。

山本　→　川口
60m　4.2km　80m

① 1分後に2人は何m近づきますか。

式

答え _____

② 2人が出会うのは何分後ですか。

式

答え _____

92

1　山本さんは分速60m、川口さんは分速50mで歩きます。2人が同時に同じところから出発して同じ方向に進みます。

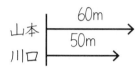

山本　60m
川口　50m

①　1分後、2人は何mはなれますか。

式

答え _____

②　15分後、2人は何mはなれますか。

式

答え _____

2　山本さんは分速60m、川口さんは分速50mで歩きます。
　2人は同じ場所から、同じ方向に歩きます。川口さんが出発した5分後に山本さんは出発しました。

①　山本さんが出発するとき、川口さんは何m先にいますか。

式

答え _____

②　2人の間は1分間で何mちぢまりますか。また追いつくまでに何分間かかりますか。

式

答え　1分で _____、_____ 分後

1 次の二等辺三角形の角度を求めましょう。

①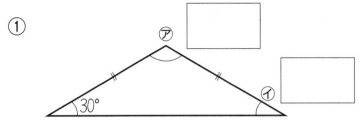

②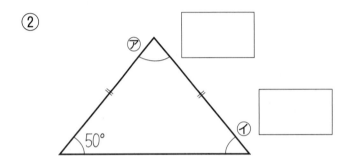

2 三角形の角度を求めましょう。

①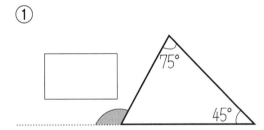

②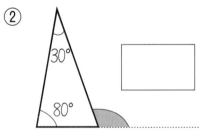

③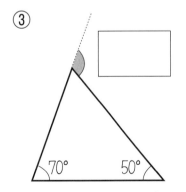

④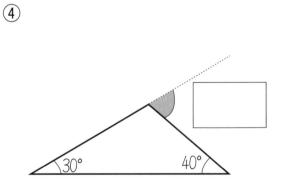

13 図形の角 ② 名前

四角形ＡＢＣＤの４つの角の和を調べます。

図を見て、□にあてはまる数や言葉をかきましょう。

①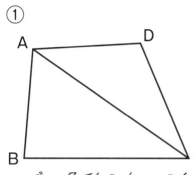

四角形ＡＢＣＤを１つの 対角線

で ２ つの三角形に分けます。

三角形の３つの角の和は 180°

で四角形の４つの和は三角形２つ分の角の和と同じだから、

180° × 2 = 360° になります。

②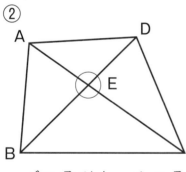

四角形ＡＢＣＤを２つの ☐

で ☐ つの三角形に分けます。

三角形の３つの角の和は ☐

で三角形４つ分の角の和は、

☐ × ☐ = ☐

点Ｅのまわりにある４つの角の和 ☐ 。

これをひいて、 ☐ − 360° = ☐

になります。

1　次の多角形の角の和を、三角形をもとに求めましょう。

① 五角形

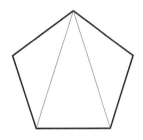

180°× 3 ＝540°

② 六角形

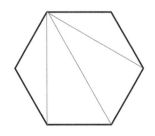

180°×　　＝

③ 七角形

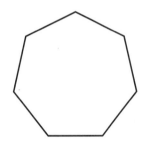

180°×　　＝

④ 八角形

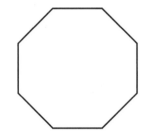

180°×　　＝

2　多角形の角の大きさの和を表にまとめましょう。

	三角形	四角形	五角形	六角形	七角形	八角形
1つの頂点からの対角線の数	0	1	2	3	4	5
三角形の数	1	2	3	4	5	6
角の大きさの和	180°					

直角二等辺三角形と直角三角形の三角定規を、組み合わせて
できる角の大きさを答えましょう。

A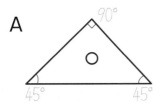

B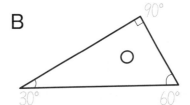

①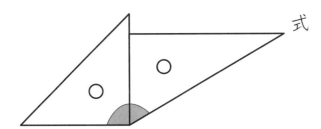

式

答え _____

②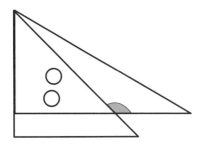

式

答え _____

③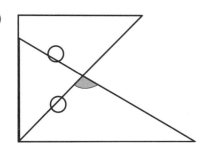

式

答え _____

97

1 次の平行四辺形の面積を求めましょう。

① | cm

② | cm

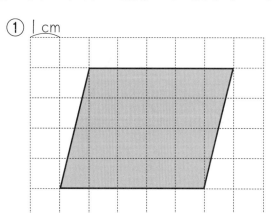

式　5×4＝20

式

答え _____

答え _____

2 次の平行四辺形の面積を求めましょう。

① | cm

② | cm

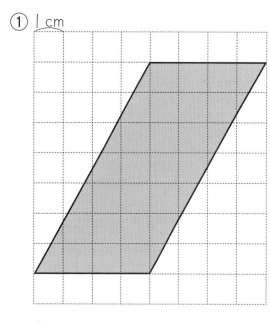

式

式

答え _____

答え _____

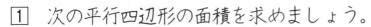

1　次の平行四辺形の面積を求めましょう。

①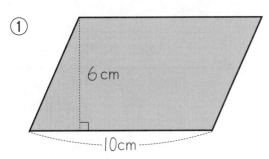

6cm

10cm

式　10×6＝60

②

5cm

9cm

式

答え＿＿＿＿＿＿＿＿

答え＿＿＿＿＿＿＿＿

2　次の平行四辺形の面積を求めましょう。

①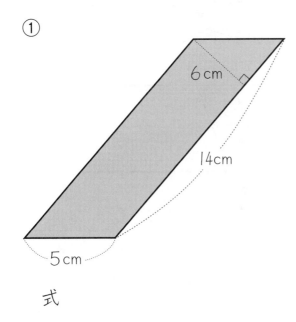

6cm

14cm

5cm

式

②

8cm

10cm

9cm

式

答え＿＿＿＿＿＿＿＿

答え＿＿＿＿＿＿＿＿

1 ⑦と面積が同じ平行四辺形の記号と理由を答えましょう。
※ただし、直線A、Bは平行な直線です。

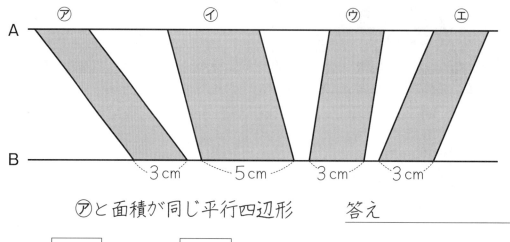

⑦と面積が同じ平行四辺形　　答え ＿＿＿＿＿＿＿＿

［理由］ □ の長さと □ が等しいので、面積は等しくなる。

2 ⑦の平行四辺形の面積をもとに、④の面積を求めます。
※ただし、直線A、Bは平行な直線です。

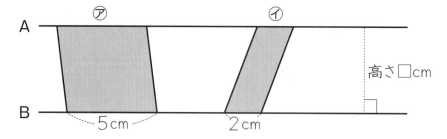

① 平行四辺形⑦の面積は15cm² です。⑦の高さ□cmを求めましょう。

式　　　　　　　　　　　　　　　　答え ＿＿＿＿＿＿

② ④の面積を求めましょう。

式　　　　　　　　　　　　　　　　答え ＿＿＿＿＿＿

◎ 次の三角形の面積を求めましょう。

①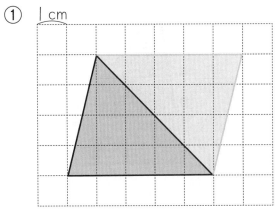

| cm

式 $5 \times 4 \div 2 = 10$

答え _____

②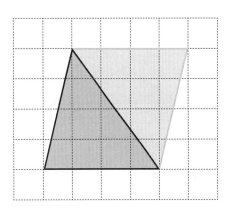

式

答え _____

③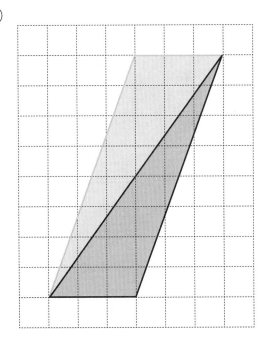

式

答え _____

④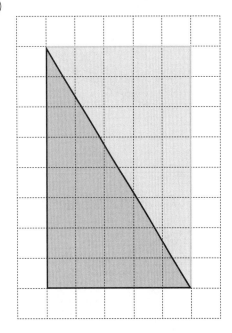

式

答え _____

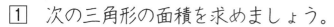

1 次の三角形の面積を求めましょう。

①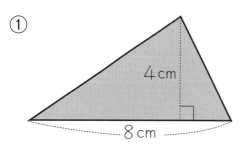

4cm
8cm

式

答え _____

②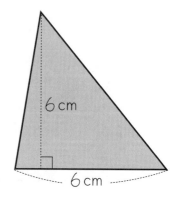

6cm
6cm

式

答え _____

③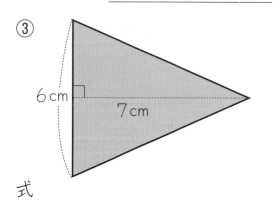

6cm
7cm

式

答え _____

④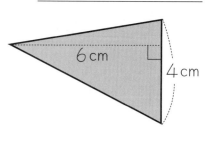

6cm
4cm

式

答え _____

2 次の三角形の面積を求めましょう。

①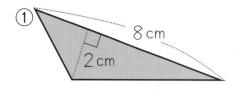

8cm
2cm

式

答え _____

②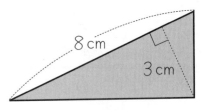

8cm
3cm

式

答え _____

102

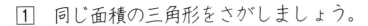

1 同じ面積の三角形をさがしましょう。

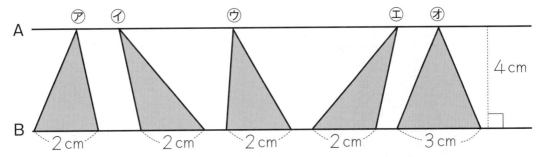

① 三角形⑦の面積を求めましょう。

式　2×4÷2＝4

答え _____

② 三角形⑦と同じ面積の三角形の記号と理由をかきましょう。

答え _____

[理由] _____

2 ⑦の三角形の面積をもとに、三角形⑦の面積を求めます。

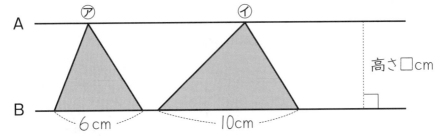

① 三角形⑦の面積は18cm²です。高さ□cmを求めましょう。

式

答え _____

② 三角形⑦の面積を求めましょう。

式

答え _____

1 　図を見て、台形の面積を求めましょう。

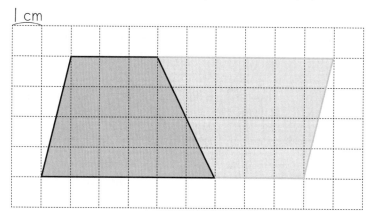

1cm

式　（　　　＋　　　）×　　　　÷ 2 ＝　　　　　答え＿＿＿＿＿＿＿
　　　　上底　　下底　　　高さ

2 　図の台形の面積を （上底+下底)×高さ÷2 の公式で求めましょう。

①
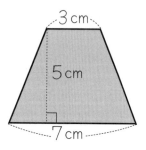
3cm
5cm
7cm

式

　答え＿＿＿＿＿＿＿

②
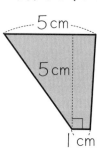
5cm
5cm
1cm

式

　答え＿＿＿＿＿＿＿

③
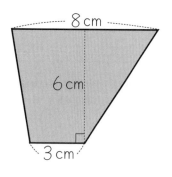
8cm
6cm
3cm

式

　答え＿＿＿＿＿＿＿

④
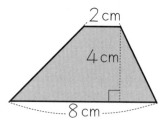
2cm
4cm
8cm

式

　答え＿＿＿＿＿＿＿

1 図を見て、ひし形の面積を求めましょう。

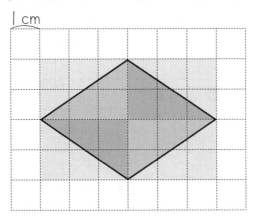

1 cm

式 ___ × ___ ÷ 2 = ___   答え _____

　　対角線　　対角線

2 図の面積を求めましょう。

①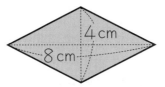

4 cm
8 cm

式

答え _____

②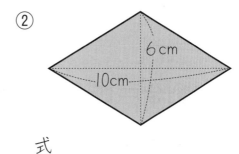

6 cm
10cm

式

答え _____

③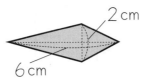

2 cm
6 cm

式

答え _____

④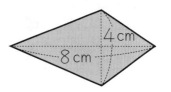

4 cm
8 cm

式

答え _____

105

1 バスケットボールのシュートの記録を比べます。

	○：入った			●	：入らなかった						入った数	シュートした数
1試合目	●	○	●	○	○						3	5
2試合目	○	○	●	●	○	●	●	●	○	●	4	10

① シュートした数と入った数で割合を調べましょう。

	入った数	÷	シュートした数	＝	割合
1試合目	3	÷	5	＝	0.6
2試合目	4	÷	10	＝	0.4

② どちらの方が入った割合が高いですか。

答え _____

割合＝比べられる量÷もとにする量

2 Bさんのバスケットボールのシュートの記録を比べます。

	○：入った			●：入らなかった						入った数	シュートした数	割合
1試合目	●	○	●	○	○	○	●	●		4	8	0.5
2試合目	○	○	●	○	○							
3試合目	●	○	●	○	○	○	○	●	●			

① 割合を計算し、表にかきましょう。

② 何試合目が最も入った割合が高いですか。

答え _____

割合＝比べられる量÷もとにする量

1　クラスで委員会活動の希望を調べました。

委員会	定員（人）	希望者（人）
図書委員会	5	4
放送委員会	5	3
体育委員会	5	8

① 定員をもとにして、希望者の数の割合を求めましょう。

式　図書委員会　　　　÷　　＝

　　放送委員会　　　　÷　　＝

　　体育委員会　　　　÷　　＝

② 3つの中ではどの委員会が希望者の割合が最も多いですか。

答え＿＿＿＿＿＿＿＿＿＿＿＿＿

2　クラスで係活動の希望を調べました。

係	定員（人）	希望者（人）
生き物	4	8
新聞	5	4
黒板	2	2

① 定員をもとにして、希望者の数の割合を求めましょう。

式　生き物係

　　新聞係

　　黒板係

② 3つの中では、どの係が希望者の割合が最も多いですか。

答え＿＿＿＿＿＿＿＿＿＿＿＿＿

割合を表す小数の0.01を、1パーセントといい、1％とかきます。パーセントで表した割合を百分率といいます。

1 小数で表した割合を百分率（％）で表しましょう。

① 0.1　　　（ 10% ）　② 0.5　　　（　　　）

③ 0.6　　　（　　　）　④ 0.15　　（　　　）

⑤ 0.99　　（　　　）　⑥ 1　　　　（　　　）

⑦ 0.123　（　　　）　⑧ 0.555　（　　　）

⑨ 0.105　（　　　）　⑩ 0.001　（　　　）

2 百分率で表した割合を小数で表しましょう。

① 20%　　（ 0.2 ）　② 80%　　（　　　）

③ 18%　　（　　　）　④ 85%　　（　　　）

⑤ 120%　（　　　）　⑥ 5%　　　（　　　）

⑦ 19.5%　（　　　）　⑧ 23.4%　（　　　）

⑨ 98.7%　（　　　）　⑩ 20.7%　（　　　）

割合の表し方に**歩合**があります。0.1が１割、0.01が１分、0.001が１厘といいます。

1 小数で表された割合を歩合で表しましょう。

① 0.1 （ １割 ） ② 0.8 （ ）

③ 0.25 （ ） ④ 0.34 （ ）

⑤ 0.03 （ ） ⑥ 0.07 （ ）

⑦ 0.005 （ ） ⑧ 0.006 （ ）

⑨ 1 （ ） ⑩ 1.2 （ ）

2 歩合で表された割合を、小数で表しましょう。

① ２割 （ 0.2 ） ② ４割 （ ）

③ ２割５分 （ ） ④ １割８分 （ ）

⑤ ４厘 （ ） ⑥ ２分３厘 （ ）

⑦ １割４厘 （ ） ⑧ ２割３分 （ ）

⑨ 10割 （ ） ⑩ 16割 （ ）

1　クラブに入っている人数を表にしました。

① 合計の人数を20人として、割合を求めましょう。

クラブ	人数(人)	割合
サッカー	6	0.3
バスケット	5	0.25
図書	2	0.1
音楽	3	0.15
イラスト	4	0.2
合計	20	1

式　サッカー　　$6 \div 20 = 0.3$

　　バスケット

　　図書

　　音楽

　　イラスト

② それぞれの割合を百分率（％）で表しましょう。

サッカー　（　　　　　　　）　　バスケット　（　　　　　　　　）

図書　　　（　　　　　　　）　　音楽　　　　（　　　　　　　　）

イラスト　（　　　　　　　）

2　クラス20人のうち、いぬかねこを飼っている人の人数を調べました。飼っている人の人数の割合を求め、百分率で表しましょう。

飼っている動物	人数(人)	割合
いぬ	8	0.4
ねこ	6	0.3

式　いぬ　　　÷　　＝　　　　　　　　答え＿＿＿＿＿＿＿＿

　　ねこ　　　÷　　＝　　　　　　　　答え＿＿＿＿＿＿＿＿

比べられる量＝もとにする量×割合

1 定価3000円のセーターを、定価の80％のねだんで買いました。

① 代金はいくらですか。

式

答え _____

② 定価よりいくら安いですか。

式

答え _____

2 定員が60人のバスに、定員の120％の人が乗っています。
このバスに乗っている人は何人ですか。

式

答え _____

3 次の答えを求めましょう。

① 1200mLの65％は何mLですか。

式

答え _____

② 50kgの90％は何kgですか。

式

答え _____

③ 60mの250％は何mですか。

式

答え _____

比べられる量＝もとにする量×割合

1 Aさんは300円のペンセットを30%引きのねだんで買いました。

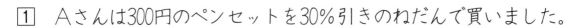

① 代金の割合を求めましょう。

100% − 30% ＝ 1 − 0.3 ＝ 0.7   答え _____

② 代金を求めましょう。

式

答え _____

2 Aさんは4000円のゲームソフトを20%引きのねだんで買いました。代金はいくらですか。

式

答え _____

3 100gのポテトチップスが期間限定で、20%分増量されています。このポテトチップスは何gですか。

式

答え _____

112

もとにする量＝比べられる量÷割合

1　こねこの体重をはかると180gでした。
　これは、生まれた直後の体重の150%にあたります。
　こねこの生まれた直後の体重を求めましょう。

　　式　180 ÷ 1.5 ＝ 120

　　　　　　　　　　　　　　　　答え _____

2　バーゲンセールで、シューズが1600円で売っています。
　これは、前日のねだんの80%にあたります。
　前日のねだんはいくらですか。

　式

　　　　　　　　　　　　　　　　答え _____

3　カレー屋さんで、大もりのライスは400gです。
　これは、ふつうもりの160%にあたります。
　ふつうもりのライスは何gですか。

　式

　　　　　　　　　　　　　　　　答え _____

◎　小学校で好きな生き物について調べ、表にしました。

好きな生き物

生き物	ウサギ	魚	鳥	カメ	その他	合計
人数（人）	100	40	40	12	8	200
百分率（%）ひゃくぶんりつ	50%	20%	20%	6%	4%	100%

①　表を帯グラフに表しましょう。

好きな生き物

| ウサギ | | 魚 | 鳥 | カメ | その他 |

0　　10　　20　　30　　40　　50　　60　　70　　80　　90　　100

②　表を円グラフに表しましょう。

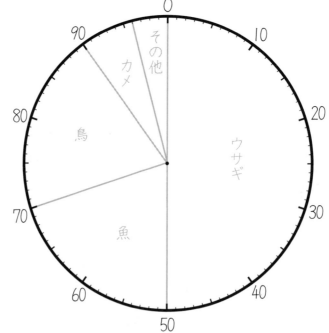

家で飼っているペットについて、クラスで調べて表にしました。

飼っているペット

ペット	いぬ	ねこ	ウサギ	鳥	その他	合計
人数（人）	10	7	3	2	3	25
百分率（％）	40％	28％	12％	8％	12％	100％

① 表を帯グラフに表しましょう。

飼っているペット

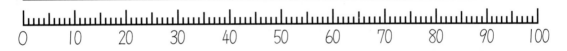

② 表を円グラフに表しましょう。

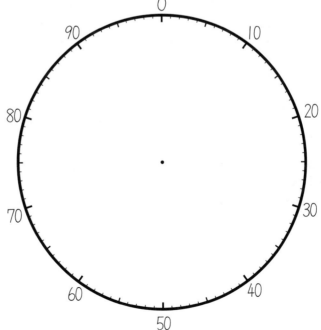

1 角柱の図の□にあてはまる言葉をかきましょう。

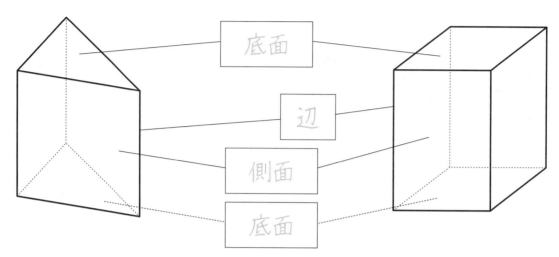

底面

辺

側面

底面

2 立体（角柱）について調べましょう。

角柱				
上の底面と下の底面の関係	平行		平行	
上の底面と下の底面の形の関係		合同		合同
まわりの側面の形	長方形		長方形	
側面と底面との関係		すいちょく 垂直		垂直

1 角柱の形と側面、ちょう点、辺の数について調べましょう。

	三角柱	四角柱	五角柱	六角柱
角柱				
側面の数	3			
ちょう点の数	6			
辺の数	9			

2 立体（円柱）について調べましょう。

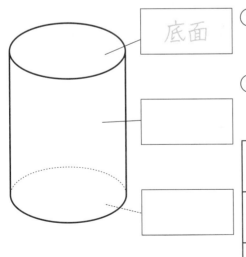

底面

① 円柱の図の□にあてはまる言葉をかきましょう。

② 底面、側面の性質を表にかきましょう。

上の底面と下の底面の関係	平行
上の底面と下の底面の形の関係	合同
まわりの側面の形	曲面

117

1 三角柱の見取図をかきましょう。

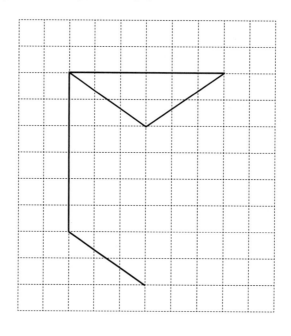

2 円柱の見取図をかきましょう。

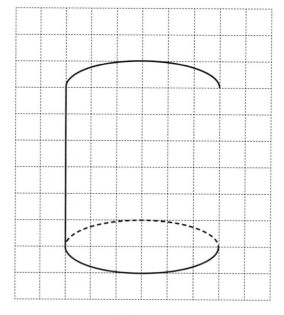

✿ 三角柱の展開図をかきましょう。

①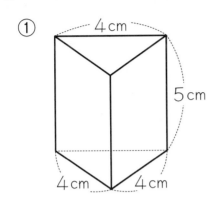

4cm
5cm
4cm 4cm

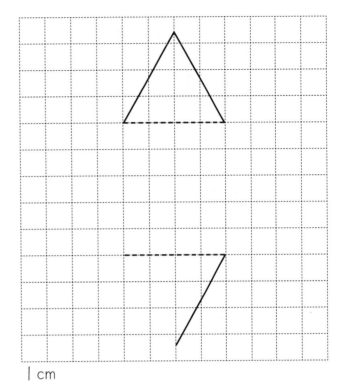

| cm

②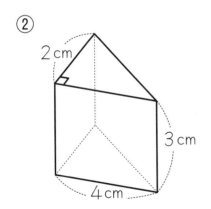

2cm
3cm
4cm

| cm

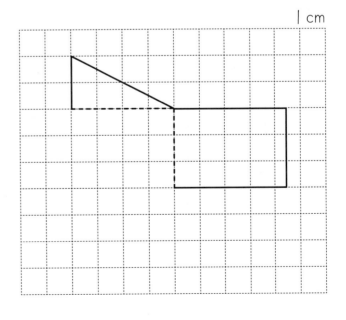

名前

◎ 円柱の展開図をかきましょう。

① 直径4cm

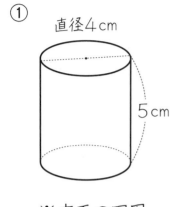

5cm

※底面の円周

4×3.14

= 12.56

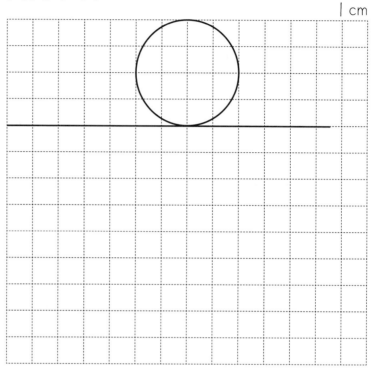

1cm

② 直径2cm

4cm

※底面の円周

2×3.14

= 6.28

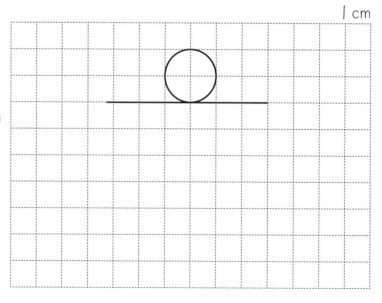

1cm

1 図の角柱について答えましょう。

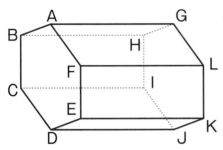

① この角柱の底面はどんな形ですか。

六角形

② 面ABCDEFに平行な面はどれですか。

面 [　　　]

③ 底面に垂直な辺を全部答えましょう。

辺＿＿＿　辺＿＿＿　辺＿＿＿　辺＿＿＿　辺＿＿＿　辺＿＿＿

2 展開図を見て答えましょう。

1 cm

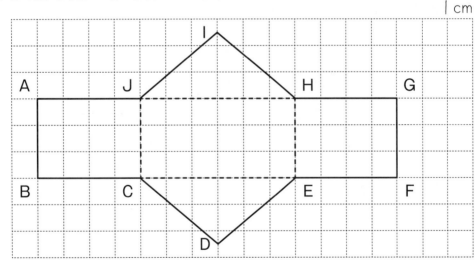

① この角柱は何という角柱ですか。

[　　　]

② この角柱の高さは何cmですか。

[　　　]

③ 点Aに集まる点を全部答えましょう。　点＿＿＿，点＿＿＿

④ 点Dに集まる点を全部答えましょう。　点＿＿＿，点＿＿＿

1 次の図形が正多角形か、表に整理しましょう。

図形	正三角形	正方形	ひし形	長方形
図	△	□	◇	▭
辺の長さがすべて等しい	○			
角の大きさがすべて等しい	○			
正多角形といえる	○			

2 次の正多角形の名前をかきましょう。

①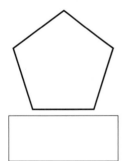

②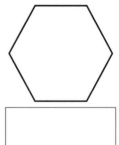

③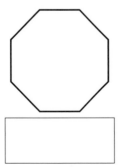

17 正多角形と円 ②

名前

1　半径5cmの円を使って、正六角形をかきました。

⑦の角度は何度ですか。

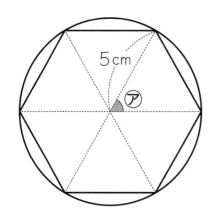

5cm

⑦

式　$360 \div 6 = 60$

答え＿＿＿＿＿＿＿＿

2　次の正多角形の、角度を求めましょう。

① 正五角形

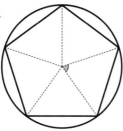

式

答え＿＿＿＿＿＿＿

② 正方形

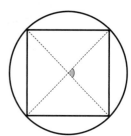

式

答え＿＿＿＿＿＿＿

③ 正八角形

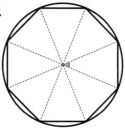

式

答え＿＿＿＿＿＿＿

④ 正十二角形

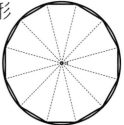

式

答え＿＿＿＿＿＿＿

◎　円を使って正多角形をかきましょう。また、等分した角度も調べましょう。

① 正方形

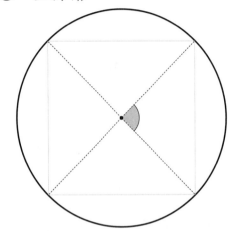

360 ÷ □ = □

② 正五角形

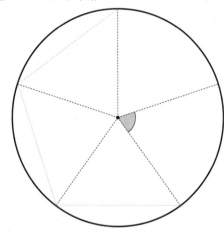

□ ÷ □ = □

③ 正六角形

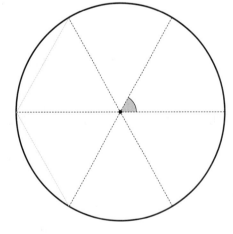

□ ÷ □ = □

④ 正八角形

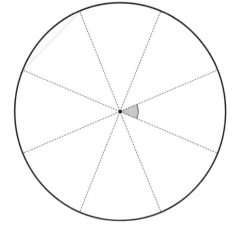

□ ÷ □ = □

円周＝直径×円周率

 円周＝直径×円周率 の公式を使って、円周の長さを求めましょう。

①

式 $10 \times 3.14 = 31.4$

答え _____

②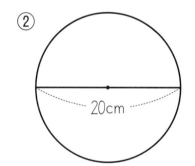

式

答え _____

③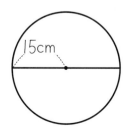

式

答え _____

125

1 円を半分に切った周りの長さを求めましょう。

①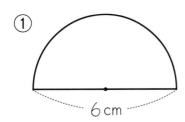

6cm

式 $6 \times 3.14 \div 2 = 9.42$
$9.42 + 6 = 15.42$

答え _____

②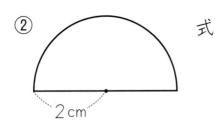

2cm

式

答え _____

2 円を4分の1にしたまわりの長さを求めましょう。

①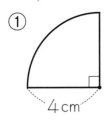

4cm

式

答え _____

②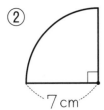

7cm

式

答え _____

図の周りの長さを求めましょう。

①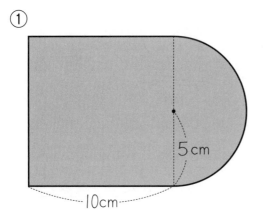

式　$10 \times 3.14 \div 2 = 15.7$

$10 \times 3 = 30$

$15.7 + 30 = 45.7$

答え _____

②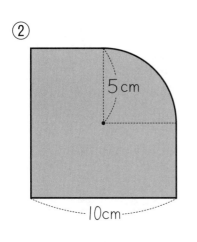

式

答え _____

③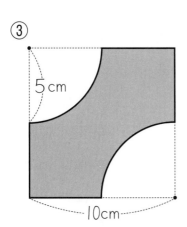

式

答え _____

127

◎ 図の周りの長さを求めましょう。

①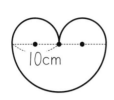

10cm

式 $20 \times 3.14 \div 2 = 31.4$

$10 \times 3.14 = 31.4$

$31.4 + 31.4 = 62.8$

答え _____

②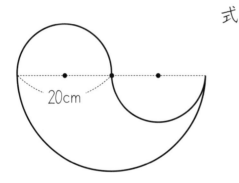

20cm

式

答え _____

③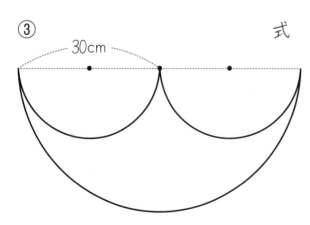

30cm

式

答え _____

小学5年生　答え

〔p．4〕　**1** 整数と小数 ①

1　①　3　3
　　　　1　0.1
　　　　4　0.04
　　　　2　0.002
　　②　3　1　4　2
2　①　1　7　3　2
　　②　2　7　0　2
　　③　0　3　7　9
3　①　＞　　②　＜　　③　＜

〔p．5〕　**1** 整数と小数 ②

1　2
　　40
　　100
　　3000
　　3142
2　①　5
　　②　15
　　③　10
　　④　543
　　⑤　1234

〔p．6〕　**1** 整数と小数 ③

1　①　10　　②　15
　　③　198　④　825
　　⑤　56.7　⑥　23.4
2　①　100　　②　150
　　③　1980　④　8250
　　⑤　567　⑥　234
3　①　1000　②　1500
　　③　19800　④　82500
　　⑤　5670　⑥　2340

〔p．7〕　**1** 整数と小数 ④

1　①　0.1　　②　0.15
　　③　1.98　④　8.25
　　⑤　0.567　⑥　0.234
2　①　0.01　②　0.015
　　③　0.198　④　0.825
　　⑤　0.0567　⑥　0.0234
3　①　0.001　②　0.0015
　　③　0.0198　④　0.0825
　　⑤　0.00567　⑥　0.00234

〔p．8〕　**2** 直方体や立方体の体積 ①

❀　①　3 cm³　　②　4 cm³
　　③　5 cm³　　④　16cm³
　　⑤　27cm³　⑥　32cm³

〔p．9〕　**2** 直方体や立方体の体積 ②

❀　①　$4 \times 4 \times 1 = 16$　　16cm³
　　②　$4 \times 4 \times 2 = 32$　　32cm³
　　③　$4 \times 4 \times 3 = 48$　　48cm³
　　④　$4 \times 4 \times 4 = 64$　　64cm³

〔p．10〕　**2** 直方体や立方体の体積 ③

❀　①　$4 \times 5 \times 2 = 40$　　40cm³
　　②　$5 \times 3 \times 4 = 60$　　60cm³
　　③　$3 \times 3 \times 8 = 72$　　72cm³
　　④　$5 \times 5 \times 5 = 125$　　125cm³

〔p．11〕　**2** 直方体や立方体の体積 ④

❀　①　$5 \times 6 \times 3 = 90$　　90cm³
　　②　$5 \times 2 \times 5 = 50$　　50cm³
　　③　$5 \times 4 \times 6 = 120$　　120cm³
　　④　$6 \times 6 \times 6 = 216$　　216cm³

〔p. 12〕 **2 直方体と立方体の体積 ⑤**

🌸 ① $5 \times 2 \times 4 = 40$

$5 \times 8 \times 2 = 80$

$40 + 80 = 120$ <u>120cm³</u>

② $3 \times 3 \times 7 = 63$

$3 \times 3 \times 3 = 27$

$63 + 27 = 90$ <u>90cm³</u>

③ $5 \times 4 \times 6 = 120$

$5 \times 3 \times 2 = 30$

$120 + 30 = 150$ <u>150cm³</u>

④ $6 \times 8 \times 4 = 192$

$6 \times 2 \times 2 = 24$

$192 - 24 = 168$ <u>168cm³</u>

（式は一例です）

〔p. 13〕 **2 直方体や立方体の体積 ⑥**

1 ① $1 \times 1 \times 1 = 1$ <u>1 m³</u>

② $1 \times 2 \times 1 = 2$ <u>2 m³</u>

2 ① 100

② $100 \times 100 \times 100 = 1000000$ <u>1000000cm³</u>

3 ① $50 \times 60 \times 100 = 300000$ <u>300000cm³</u>

② $100 \times 100 \times 20 = 200000$ <u>200000cm³</u>

〔p. 14〕 **2 直方体や立方体の体積 ⑦**

🌸 ① 1 cm³

② 1000倍

③ 1 kL（1000 L）

〔p. 15〕 **2 直方体や立方体の体積 ⑧**

1 たて $12 - 2 = 10$

横 $12 - 2 = 10$

高さ $11 - 1 = 10$

$10 \times 10 \times 10 = 1000$ <u>1000cm³</u>

2 たて $24 - 4 = 20$

横 $24 - 4 = 20$

高さ $22 - 2 = 20$

$20 \times 20 \times 20 = 8000$ <u>8000cm³</u>

3 たて $1 + 0.1 + 0.1 = 1.2$ <u>1.2m</u>

横 $1 + 0.1 + 0.1 = 1.2$ <u>1.2m</u>

高さ $1 + 0.1 = 1.1$ <u>1.1m</u>

〔p. 16〕 **3 かんたんな比例 ①**

🌸 ① 50、100、150

②

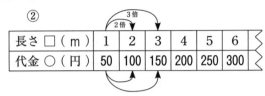

長さ □（m）	1	2	3	4	5	6
代金 ○（円）	50	100	150	200	250	300

③ いえる

④ $50 \times □ = ○$

〔p. 17〕 **3 かんたんな比例 ②**

🌸 ①

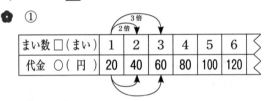

まい数 □（まい）	1	2	3	4	5	6
代金 ○（円）	20	40	60	80	100	120

② いえる

③ $20 \times □ = ○$

〔p. 18〕 **4 小数のかけ算 ①**

1 $60 \times 1.5 = 90$

$60 \times 15 = 900$ <u>90円</u>

2 $120 \times 0.4 = 48$ <u>48g</u>

3 ① 50

② 40

③ 42

④ 120

〔p. 19〕 **4 小数のかけ算 ②**

1 $2.31 \times 3.2 = 7.392$

$231 \times 32 = 7392$ <u>7.392kg</u>

2 ① 6.468

② 5.46

③ 54.188

④ 0.31488

⑤　41.14757

⑥　28.981056

〔p. 20〕　**4** 小数のかけ算 ③

✿　①　14.4　　②　23.5

③　29.9　　④　29.4

⑤　268.8　　⑥　663.6

⑦　137.6

〔p. 21〕　**4** 小数のかけ算 ④

✿　①　30.24　　②　41.04

③　33.82　　④　76.44

⑤　24.12　　⑥　88.11

〔p. 22〕　**4** 小数のかけ算 ⑤

✿　①　40.5　　②　15.5

③　34.2　　④　49.4

⑤　21　　⑥　36

⑦　11　　⑧　27

⑨　17

〔p. 23〕　**4** 小数のかけ算 ⑥

✿　①　0.18　　②　0.64

③　0.012　　④　0.06

⑤　0.08　　⑥　0.006

⑦　0.3　　⑧　0.2

⑨　0.04　　⑩　0.378

⑪　0.812　　⑫　1.53

〔p. 24〕　**4** 小数のかけ算 ⑦

✿　①　53.76　　②　35.52

③　82.28　　④　6.168

⑤　7.776　　⑥　5.292

⑦　7.85　　⑧　4.41

⑨　6.16

〔p. 25〕　**4** 小数のかけ算 ⑧

✿　①　26.226　　②　19.722

③　28.845　　④　2.4282

⑤　1.4994　　⑥　5.5642

⑦　1.258　　⑧　2.171

⑨　3.927

〔p. 26〕　**4** 小数のかけ算 ⑨

1　①　$1.8 \times (2.5 \times 4) = 1.8 \times 10$

$= 18$

②　$1.2 \times (0.8 \times 5) = 1.2 \times 4$

$= 4.8$

2　①　$(2.8 + 2.2) \times 0.8 = 5 \times 0.8$

$= 4$

②　$(6.7 + 3.3) \times 0.3 = 10 \times 0.3$

$= 3$

3　①　$25 \times 4 + 0.5 \times 4 = 102$

②　$15 \times 4 + 0.5 \times 4 = 62$

③　$10 \times 25 - 0.4 \times 25 = 240$

〔p. 27〕　**4** 小数のかけ算 ⑩

1　$200 \times 0.5 = 100$ 　　　　　　<u>100g</u>

2　$300 \times 0.3 = 90$ 　　　　　　<u>90円</u>

3　①　×　　②　○

③　×　　④　○

4　①　×　　②　○

③　○　　④　×

〔p. 28〕　**5** 小数のわり算 ①

1　$3 \div 1.5$

$30 \div 15 = 2$ 　　　　　　<u>2kg</u>

2　①　$50 \div 25 = 2$

②　$90 \div 15 = 6$

③　$40 \div 2 = 20$

④　$10 \div 5 = 2$

3　①　4　　②　5

③　50　　④　40

131

〔p. 29〕　**5** 小数のわり算 ②

❀　① 5　　② 6　　③ 5
　　④ 4　　⑤ 6　　⑥ 8
　　⑦ 7　　⑧ 8　　⑨ 5

〔p. 30〕　**5** 小数のわり算 ③

❀　① 1.4　　② 2.4　　③ 1.6
　　④ 1.2　　⑤ 3.1　　⑥ 1.4
　　⑦ 14　　⑧ 13　　⑨ 12

〔p. 31〕　**5** 小数のわり算 ④

❀　① 0.5　　② 0.8　　③ 0.9
　　④ 0.75　　⑤ 0.25
　　⑥ 0.15　　⑦ 0.18

〔p. 32〕　**5** 小数のわり算 ⑤

❀　① 8.5　　② 7.2　　③ 6.5
　　④ 3.5　　⑤ 8.6　　⑥ 6.5
　　⑦ 7.7　　⑧ 5.4　　⑨ 7.2

〔p. 33〕　**5** 小数のわり算 ⑥

❀　① 0.5　　② 0.6　　③ 0.5
　　④ 0.6　　⑤ 0.9　　⑥ 0.5
　　⑦ 0.5　　⑧ 0.2　　⑨ 0.5
　　⑩ 0.5　　⑪ 0.5　　⑫ 0.5

〔p. 34〕　**5** 小数のわり算 ⑦

❀　① 0.75　　② 0.92
　　③ 0.75　　④ 0.25
　　⑤ 1.75　　⑥ 1.25

〔p. 35〕　**5** 小数のわり算 ⑧

❀　① 8あまり0.6　　② 3あまり0.2
　　③ 1あまり1.1　　④ 71あまり0.2
　　⑤ 57あまり0.2　　⑥ 24あまり0.5

〔p. 36〕　**5** 小数のわり算 ⑨

❀　① 7.11→7.1　　② 5.62→5.6
　　③ 1.85→1.9　　④ 2.17→2.2

〔p. 37〕　**5** 小数のわり算 ⑩

①　① $0.8 \div 3.2 = 0.25$　　<u>0.25kg</u>
　　② $3.2 \div 0.8 = 4$　　<u>4 m</u>
②　① $2.8 \div 5.6 = 0.5$　　<u>0.5kg</u>
　　② $5.6 \div 2.8 = 2$　　<u>2 L</u>

〔p. 38〕　**6** 合同な図形 ①

①　⑦、㋑、㋕
②　㋒、㋔、㋖

〔p. 39〕　**6** 合同な図形 ②

①　① 点G
　　② 点H
　　③ 点E
　　④ 点F
②　① 辺EF，辺HG
　　　角E　，角F
　　② 辺EH＝2.2cm，辺EF＝2.5cm
　　　辺FG＝3 cm，角F＝70°

〔p. 40〕　**6** 合同な図形 ③

❀　① ○がつく図形
　　　㋑　平行四辺形　　㋒　ひし形
　　　㋔　正方形　　　　㋕　長方形
　　② ○がつく図形
　　　㋒　ひし形　　㋔　正方形

〔p. 41〕　**6** 合同な図形 ④

❀　省略

〔p. 42〕　**6** 合同な図形 ⑤

❀　省略

〔p. 43〕 **6** 合同な図形 ⑥

🏵 省略

〔p. 44〕 **7** 整数の性質 ①

1 偶数　8、16、28、34

　　奇数　9、13、27、35

2 ① 偶数

　② 奇数

　③ 偶数

　④ 偶数

　⑤ 奇数

〔p. 45〕 **7** 整数の性質 ②

🏵 ① 3 6 9 12 15 18 21 24 27

　② 4 8 12 16 20 24 28 32 36

　③ 5 10 15 20 25 30 35 40 45

　④ 6 12 18 24 30 36 42 48 54

　⑤ 7 14 21 28 35 42 49 56 63

　⑥ 8 16 24 32 40 48 56 64 72

　⑦ 9 18 27 36 45 54 63 72 81

〔p. 46〕 **7** 整数の性質 ③

1 ① 3 6 9 12 15 18 21 24 27

　　30

　② 5 10 15 20 25 30 35 40 45

　③ 公倍数　15、30

　　最小公倍数　15

2 ① 4 8 12 16 20 24 28 32 36

　② 8 16 24 32 40 48 56 64 72

　③ 公倍数　8、16、24

　　最小公倍数　8

〔p. 47〕 **7** 整数の性質 ④

1 ① 4 8 12 16 20 24 28 32 36

　② 6 12 18 24 30 36 42 48 54

　③ 公倍数　12、24、36

　　最小公倍数　12

〔p. 48〕 **7** 整数の性質 ⑤

🏵 ① 72　　② 45

　③ 15　　④ 18

　⑤ 15　　⑥ 30

　⑦ 20　　⑧ 30

　⑨ 36　　⑩ 42

〔p. 49〕 **7** 整数の性質 ⑥

1 ①

個数	1	2	3	4	5	6	7	8	9	10	11	12
あまり	○	○	○	○		○						○
人数	12	6	4	3		2						1

　② 1 2 3 4 6 12

2 ① 1 2 4

　② 1 3 9

　③ 1 2 4 8 16

〔p. 50〕 **7** 整数の性質 ⑦

1 ① 1 2 3 6

　② 1 3 9

　③ 公約数　1、3

　　最大公約数　3

2 ① 1 2 3 4 6 12

　② 1 2 3 6 9 18

　③ 公約数　1、2、3、6

　　最大公約数　6

〔p. 51〕 **7** 整数の性質 ⑧

🏵 ① 1 2 4 8 16

　② 1 2 4 5 10 20

　③ 公約数　1、2、4

　　最大公約数　4

〔p. 52〕 **7** 整数の性質 ⑨

🏵 ① 4　　② 5

　③ 7　　④ 5

　⑤ 4　　⑥ 6

133

⑦　8　　⑧　4

⑨　9　　⑩　8

〔p. 53〕　7　整数の性質 ⑩

1　4と7の最小公倍数は28　　<u>28cm</u>

2　4と5の最小公倍数は20　　<u>20cm</u>

3　27と36の最大公約数は9

　　　　　　<u>1辺9cmの正方形、12まい</u>

〔p. 54〕　8　分数と小数、整数の関係 ①

1　①　$\dfrac{2}{3}$

　　②　$\dfrac{4}{3}$

2　①　$\dfrac{1}{2}$　　②　$\dfrac{2}{3}$

　　③　$\dfrac{3}{4}$　　④　$\dfrac{4}{5}$

　　⑤　$\dfrac{5}{6}$　　⑥　$\dfrac{1}{10}$

　　⑦　$\dfrac{5}{4}$　　⑧　$\dfrac{7}{5}$

　　⑨　$\dfrac{9}{5}$　　⑩　$\dfrac{10}{7}$

〔p. 55〕　8　分数と小数、整数の関係 ②

1　①　9　　②　5

　　③　13　　④　29

　　⑤　7　　⑥　19

　　⑦　31　　⑧　37

2　①　1　　②　5

　　③　9　　④　13

　　⑤　17　　⑥　5

　　⑦　9　　⑧　13

　　⑨　17　　⑩　21

〔p. 56〕　8　分数と小数、整数の関係 ③

1　$3 \div 5 = \dfrac{3}{5}$　　　　　$\underline{\dfrac{3}{5}倍}$

2　$11 \div 9 = \dfrac{11}{9}$　　　　$\underline{\dfrac{11}{9}倍 \left(1\dfrac{2}{9}倍\right)}$

3　①　$10 \div 3 = \dfrac{10}{3}$　　$\underline{\dfrac{10}{3}倍 \left(3\dfrac{1}{3}倍\right)}$

---

②　$3 \div 10 = \dfrac{3}{10}$　　　　$\underline{\dfrac{3}{10}倍}$

〔p. 57〕　8　分数と小数、整数の関係 ④

1　①　$4 \div 5 = \dfrac{4}{5}$　　　　$\underline{\dfrac{4}{5}m}$

　　②　$4 \div 5 = 0.8$　　　　$\underline{0.8m}$

2　0　[0.2]　　　[0.6]　　　1　[1.2]　　　[1.6]

　　　$\dfrac{1}{5}$　$\dfrac{2}{5}$　$\dfrac{3}{5}$　$\dfrac{4}{5}$

3　①　$3 \div 5 = 0.6$

　　②　$3 \div 4 = 0.75$

　　③　$3 \div 8 = 0.375$

〔p. 58〕　8　分数と小数、整数の関係 ⑤

1　①　$\dfrac{1}{10}$　　②　$\dfrac{2}{10}\left(\dfrac{1}{5}\right)$　　③　$\dfrac{3}{10}$

　　④　$\dfrac{11}{10}$　　⑤　$\dfrac{12}{10}\left(\dfrac{6}{5}\right)$　　⑥　$\dfrac{25}{10}\left(\dfrac{5}{2}\right)$

2　①　$\dfrac{1}{100}$　　②　$\dfrac{2}{100}\left(\dfrac{1}{50}\right)$　　③　$\dfrac{11}{100}$

　　④　$\dfrac{28}{100}\left(\dfrac{7}{25}\right)$　⑤　$\dfrac{125}{100}\left(\dfrac{5}{4}\right)$　⑥　$\dfrac{856}{100}\left(\dfrac{214}{25}\right)$

　　⑦　$\dfrac{101}{100}$　　⑧　$\dfrac{205}{100}\left(\dfrac{41}{20}\right)$　⑨　$\dfrac{908}{100}\left(\dfrac{227}{25}\right)$

3　①　$\dfrac{3}{1}$　　②　$\dfrac{5}{1}$　　③　$\dfrac{10}{1}$

　　④　$\dfrac{12}{1}$　　⑤　$\dfrac{50}{1}$　　⑥　$\dfrac{99}{1}$

　　⑦　$\dfrac{100}{1}$　　⑧　$\dfrac{150}{1}$　　⑨　$\dfrac{999}{1}$

〔p. 59〕　8　分数と小数、整数の関係 ⑥

❀　①　$20 \div 35 = \dfrac{20}{35} = \dfrac{4}{7}$　　$\underline{\dfrac{4}{7}倍}$

　　②　$3 \div 5 = \dfrac{3}{5}$　　　　$\underline{\dfrac{3}{5}倍}$

　　③　$15 \div 6 = \dfrac{15}{6} = \dfrac{5}{2}$　　$\underline{\dfrac{5}{2}倍}$

　　④　$2 \div 5 = \dfrac{2}{5}$　　　　$\underline{\dfrac{2}{5}倍}$

　　⑤　$5 \div 2 = \dfrac{5}{2}$　　　　$\underline{\dfrac{5}{2}倍}$

　　⑥　$15 \div 2 = \dfrac{15}{2}$　　　$\underline{\dfrac{15}{2}倍}$

〔p. 60〕　9　分数のたし算とひき算 ①

1　①　$\dfrac{1}{4}$　　②　$\dfrac{2}{8}$　　③　$\dfrac{3}{12}$　　④　$\dfrac{4}{16}$

134

② ① $\frac{1}{3}$ ② $\frac{2}{6}$ ③ $\frac{3}{9}$ ④ $\frac{4}{12}$

③ ① $\frac{1}{5}$ ② $\frac{2}{10}$ ③ $\frac{3}{15}$ ④ $\frac{5}{25}$

④ ① $\frac{2}{12}=\frac{3}{18}$ ② $\frac{2}{14}=\frac{4}{28}$

〔p.61〕 9 分数のたし算とひき算②

① ① $\frac{2}{14}$ ② $\frac{4}{14}$ ③ $\frac{9}{21}$

④ $\frac{3}{24}$ ⑤ $\frac{28}{36}$ ⑥ $\frac{6}{20}$

⑦ $\frac{5}{45}$ ⑧ $\frac{15}{18}$ ⑨ $\frac{28}{32}$

② ① $\frac{1}{10}=\frac{2}{20}=\frac{5}{50}=\frac{7}{70}=\frac{9}{90}$

② $\frac{2}{5}=\frac{4}{10}=\frac{6}{15}=\frac{8}{20}=\frac{10}{25}$

③ $\frac{3}{4}=\frac{6}{8}=\frac{12}{16}=\frac{15}{20}=\frac{18}{24}$

④ $\frac{3}{5}=\frac{6}{10}=\frac{12}{20}=\frac{15}{25}=\frac{18}{30}$

⑤ $\frac{4}{9}=\frac{12}{27}=\frac{16}{36}=\frac{24}{56}=\frac{32}{72}$

〔p.62〕 9 分数のたし算とひき算③

① ① $\frac{1}{5}$ ② $\frac{1}{3}$ ③ $\frac{1}{3}$

④ $\frac{1}{2}$ ⑤ $\frac{1}{2}$ ⑥ $\frac{1}{3}$

⑦ $\frac{1}{2}$ ⑧ $\frac{1}{2}$ ⑨ $\frac{1}{2}$

② ① $\frac{2}{5}$ ② $\frac{2}{7}$ ③ $\frac{2}{7}$

④ $\frac{2}{9}$ ⑤ $\frac{2}{5}$ ⑥ $\frac{2}{7}$

⑦ $\frac{2}{3}$ ⑧ $\frac{2}{5}$ ⑨ $\frac{2}{5}$

③ ① $\frac{3}{5}$ ② $\frac{4}{5}$ ③ $\frac{3}{4}$

④ $\frac{3}{4}$ ⑤ $\frac{3}{4}$ ⑥ $\frac{2}{3}$

⑦ $\frac{1}{2}$ ⑧ $\frac{1}{3}$ ⑨ $\frac{1}{2}$

〔p.63〕 9 分数のたし算とひき算④

① $\left(\frac{9}{12}, \frac{8}{12}\right)$

② $\left(\frac{15}{20}, \frac{16}{20}\right)$

③ $\left(\frac{25}{30}, \frac{24}{30}\right)$

④ $\left(\frac{48}{56}, \frac{49}{56}\right)$

⑤ $\left(\frac{8}{10}, \frac{9}{10}\right)$

⑥ $\left(\frac{3}{6}, \frac{2}{6}\right)$

⑦ $\left(\frac{4}{12}, \frac{3}{12}\right)$

⑧ $\left(\frac{6}{30}, \frac{5}{30}\right)$

⑨ $\left(\frac{3}{12}, \frac{2}{12}\right)$

〔p.64〕 9 分数のたし算とひき算⑤

① $\left(\frac{6}{24}, \frac{20}{24}\right)$

② $\left(\frac{4}{18}, \frac{3}{18}\right)$

③ $\left(\frac{15}{40}, \frac{16}{40}\right)$

④ $\left(\frac{8}{36}, \frac{27}{36}\right)$

⑤ $\left(\frac{9}{24}, \frac{16}{24}\right)$

⑥ $\left(\frac{13}{18}, \frac{8}{18}\right)$

⑦ $\left(\frac{25}{28}, \frac{24}{28}\right)$

⑧ $\left(\frac{33}{36}, \frac{32}{36}\right)$

⑨ $\left(\frac{43}{55}, \frac{50}{55}\right)$

〔p.65〕 9 分数のたし算とひき算⑥

① ① $\frac{1}{4}+\frac{1}{3}=\frac{3}{12}+\frac{4}{12}$

$=\frac{7}{12}$　　　　$\frac{7}{12}$ L

② $\frac{1}{3}-\frac{1}{4}=\frac{4}{12}-\frac{3}{12}$

$=\frac{1}{12}$　　　　$\frac{1}{12}$ L

② ① $\frac{2}{3}+\frac{3}{5}=\frac{10}{15}+\frac{9}{15}$

$=\frac{19}{15}$　　$\frac{19}{15}$ L $\left(1\frac{4}{15}$ L$\right)$

② $\frac{2}{3}-\frac{3}{5}=\frac{10}{15}-\frac{9}{15}$

$=\frac{1}{15}$　　　　$\frac{1}{15}$ L

〔p.66〕 9 分数のたし算とひき算⑦

① $\frac{2\times4}{3\times4}+\frac{3\times3}{4\times3}=\frac{8}{12}+\frac{9}{12}$

$=\frac{17}{12}$ $\left(1\frac{5}{12}\right)$

② $\dfrac{7 \times 3}{4 \times 3} + \dfrac{1 \times 2}{6 \times 2} = \dfrac{21}{12} + \dfrac{2}{12}$

$= \dfrac{23}{12} \left(1\dfrac{11}{12} \right)$

③ $\dfrac{4 \times 5}{3 \times 5} + \dfrac{6 \times 3}{5 \times 3} = \dfrac{20}{15} + \dfrac{18}{15}$

$= \dfrac{38}{15} \left(2\dfrac{8}{15} \right)$

④ $\dfrac{1 \times 2}{4 \times 2} + \dfrac{3}{8} = \dfrac{2}{8} + \dfrac{3}{8}$

$= \dfrac{5}{8}$

〔p. 67〕　**9** 分数のたし算とひき算 ⑧

① $\dfrac{2 \times 4}{3 \times 4} - \dfrac{1 \times 3}{4 \times 3} = \dfrac{8}{12} - \dfrac{3}{12}$

$= \dfrac{5}{12}$

② $\dfrac{7 \times 6}{5 \times 6} - \dfrac{5 \times 5}{6 \times 5} = \dfrac{42}{30} - \dfrac{25}{30}$

$= \dfrac{17}{30}$

③ $\dfrac{9}{20} - \dfrac{2 \times 4}{5 \times 4} = \dfrac{9}{20} - \dfrac{8}{20}$

$= \dfrac{1}{20}$

④ $\dfrac{3 \times 3}{4 \times 3} - \dfrac{1 \times 2}{6 \times 2} = \dfrac{9}{12} - \dfrac{2}{12}$

$= \dfrac{7}{12}$

〔p. 68〕　**9** 分数のたし算とひき算 ⑨

① $\dfrac{8}{20} + \dfrac{15}{20} = \dfrac{23}{20} = 1\dfrac{3}{20}$

② $\dfrac{9}{12} + \dfrac{10}{12} = \dfrac{19}{12} = 1\dfrac{7}{12}$

③ $\dfrac{20}{24} + \dfrac{21}{24} = \dfrac{41}{24} = 1\dfrac{17}{24}$

④ $\dfrac{20}{28} + \dfrac{21}{28} = \dfrac{41}{28} = 1\dfrac{13}{28}$

⑤ $\dfrac{7}{24} + \dfrac{10}{24} = \dfrac{17}{24}$

⑥ $\dfrac{9}{35} + \dfrac{20}{35} = \dfrac{29}{35}$

⑦ $\dfrac{7}{32} + \dfrac{18}{32} = \dfrac{25}{32}$

⑧ $\dfrac{10}{24} + \dfrac{9}{24} = \dfrac{19}{24}$

〔p. 69〕　**9** 分数のたし算とひき算 ⑩

① $\dfrac{32}{36} - \dfrac{27}{36} = \dfrac{5}{36}$

② $\dfrac{36}{42} - \dfrac{35}{42} = \dfrac{1}{42}$

③ $\dfrac{64}{72} - \dfrac{45}{72} = \dfrac{19}{72}$

④ $\dfrac{34}{36} - \dfrac{27}{36} = \dfrac{7}{36}$

⑤ $\dfrac{17}{24} - \dfrac{10}{24} = \dfrac{7}{24}$

⑥ $\dfrac{15}{28} - \dfrac{12}{28} = \dfrac{3}{28}$

⑦ $\dfrac{30}{48} - \dfrac{15}{48} = \dfrac{15}{48} = \dfrac{5}{16}$

⑧ $\dfrac{14}{12} - \dfrac{10}{12} = \dfrac{4}{12} = \dfrac{1}{3}$

〔p. 70〕　**9** 分数のたし算とひき算 ⑪

① $1\dfrac{8}{12} + 2\dfrac{3}{12} = 3\dfrac{11}{12}$

② $3\dfrac{4}{8} + 2\dfrac{7}{8} = 5\dfrac{11}{8} = 6\dfrac{3}{8}$

③ $1\dfrac{3}{24} + 2\dfrac{4}{24} = 3\dfrac{7}{24}$

④ $2\dfrac{3}{6} + 1\dfrac{5}{6} = 3\dfrac{8}{6} = 4\dfrac{2}{6} = 4\dfrac{1}{3}$

〔p. 71〕　**9** 分数のたし算とひき算 ⑫

① $2\dfrac{8}{20} - 1\dfrac{5}{20} = 1\dfrac{3}{20}$

② $3\dfrac{11}{12} - 2\dfrac{9}{12} = 1\dfrac{2}{12} = 1\dfrac{1}{6}$

③ $3\dfrac{2}{18} - 2\dfrac{15}{18} = 2\dfrac{20}{18} - 2\dfrac{15}{18} = \dfrac{5}{18}$

④ $3\dfrac{3}{12} - 1\dfrac{10}{12} = 2\dfrac{15}{12} - 1\dfrac{10}{12} = 1\dfrac{5}{12}$

〔p. 72〕　**9** 分数のたし算とひき算 ⑬

① $\dfrac{3}{5} + \dfrac{2}{10} = \dfrac{6}{10} + \dfrac{2}{10}$

$= \dfrac{8}{10}$

$= \dfrac{4}{5}$

② $\dfrac{3}{4} + \dfrac{75}{100} = \dfrac{3}{4} + \dfrac{3}{4}$

$= \dfrac{6}{4}$

$= \dfrac{3}{2} \left(1\dfrac{1}{2} \right)$

③ $\dfrac{3}{4} + \dfrac{8}{10} = \dfrac{15}{20} + \dfrac{16}{20}$

$= \dfrac{31}{20} \left(1\dfrac{11}{20} \right)$

〔p.73〕 **9** 分数のたし算とひき算 ⑭

❀ ① $\dfrac{4}{5} - \dfrac{2}{10} = \dfrac{4}{5} - \dfrac{1}{5}$
$\qquad\qquad = \dfrac{3}{5}$

② $\dfrac{7}{10} - \dfrac{25}{100} = \dfrac{7}{10} - \dfrac{1}{4}$
$\qquad\qquad = \dfrac{14}{20} - \dfrac{5}{20}$
$\qquad\qquad = \dfrac{9}{20}$

③ $\dfrac{4}{5} - \dfrac{75}{100} = \dfrac{4}{5} - \dfrac{3}{4}$
$\qquad\qquad = \dfrac{16}{20} - \dfrac{15}{20}$
$\qquad\qquad = \dfrac{1}{20}$

〔p.74〕 **9** 分数のたし算とひき算 ⑮

1 $\dfrac{15}{60} = \dfrac{3}{12} = \dfrac{1}{4}$時間

2 ① $\dfrac{20}{60} = \dfrac{1}{3}$時間 ② $\dfrac{40}{60} = \dfrac{2}{3}$時間

③ $\dfrac{45}{60} = \dfrac{3}{4}$時間 ④ $\dfrac{30}{60} = \dfrac{1}{2}$時間

3 ① $\dfrac{1}{12}$時間 ② $\dfrac{1}{6}$時間

③ $\dfrac{1}{10}$時間 ④ $\dfrac{5}{12}$時間

〔p.75〕 **9** 分数のたし算とひき算 ⑯

1 ① $\dfrac{170}{60} = 2\dfrac{50}{60} = 2\dfrac{5}{6}$ （時間）

② $\dfrac{210}{60} = 3\dfrac{30}{60} = 3\dfrac{1}{2}$ （時間）

2 ① $1\dfrac{1}{2}$時間 ② $1\dfrac{2}{3}$時間

③ $1\dfrac{1}{3}$時間 ④ $2\dfrac{1}{2}$時間

⑤ $1\dfrac{1}{6}$時間 ⑥ $3\dfrac{1}{3}$時間

3 ① $\dfrac{1}{12}$分 ② $\dfrac{1}{6}$分

③ $\dfrac{1}{4}$分 ④ $\dfrac{1}{3}$分

⑤ $1\dfrac{1}{2}$分 ⑥ $1\dfrac{2}{3}$分

〔p.76〕 **10** 平 均 ①

❀ ① $60 + 65 + 80 + 75 = 280$ 　　　　　 280mL

② $280 \div 4 = 70$ 　　　　　 70mL

③ $70 \times 20 = 1400$ 　　　　 およそ1400mL

④ $3500 \div 70 = 50$ 　　　　 およそ50個

〔p.77〕 **10** 平 均 ②

1 $3 \times 30 = 90$ 　　　　　 90km

2 $4 \times 40 = 160$ 　　　　　 160ページ

3 $50 \times 90 = 4500$ 　　　　　 4500回

4 $5 \times 365 = 1825$ 　　　　 1825ページ

〔p.78〕 **11** 単位量あたりの大きさ ①

❀ ① B

② A

③ A

④ B

⑤ A

〔p.79〕 **11** 単位量あたりの大きさ ②

1 A $3 \div 6 = 0.5$
B $5 \div 8 = 0.625$ 　　　　　 B

2 運動場 $96 \div 3000 = 0.032$
体育館 $24 \div 800 = 0.03$ 　　　 運動場

3 北駐車場 $54 \div 900 = 0.06$
南駐車場 $84 \div 1200 = 0.07$ 　 南駐車場

〔p.80〕 **11** 単位量あたりの大きさ ③

1 ① A町 $960 \div 16 = 60$ 　　 60人／km²
B町 $1200 \div 24 = 50$ 　　 50人／km²
② A町

2 ① A市 $1200 \div 50 = 24$ 　 24人／km²
B市 $4800 \div 120 = 40$ 　 40人／km²
C市 $1800 \div 90 = 20$ 　 20人／km²
② B市

〔p.81〕 **11** 単位量あたりの大きさ ④

1 ① 東京 $13200000 \div 2200 = 6000$
　　　　　　　　　　 6000人／km²
大阪 $8900000 \div 1900 = 4684.2\cdots$
　　　　　　　　　　 4700人／km²

137

京都　$2600000 \div 4600 = 565\overset{7}{.}\cdots$

570人／km²

② 東京

2 徳島　$790000 \div 4100 = 192\overset{0}{.}\cdots$

190人／km²

香川　$1000000 \div 1900 = 526\overset{3}{.}\cdots$

530人／km²

愛媛　$1400000 \div 5700 = 245\overset{5}{.}\cdots$

250人／km²

高知　$760000 \div 7100 = 107\overset{1}{.}\cdots$

110人／km²

〔p.82〕　**11** 単位量あたりの大きさ ⑤

1 ① A　$540 \div 12 = 45$　　45kg／a
　　　 B　$640 \div 16 = 40$　　40kg／a
　② Aの田
2 ① A　$960 \div 24 = 40$　　40kg／a
　　　 B　$1600 \div 32 = 50$　　50kg／a
　　　 C　$1200 \div 40 = 30$　　30kg／a
　② Bの畑

〔p.83〕　**11** 単位量あたりの大きさ ⑥

1 1ダース1500円のジュース

$1500 \div 12 = 125$

10本1200円のジュース

$1200 \div 10 = 120$

1ダース1500円のジュースの方が高い

2 1ダース780円のえんぴつ

$780 \div 12 = 65$

10本680円のえんぴつ

$680 \div 10 = 68$

10本680円のえんぴつの方が高い

〔p.84〕　**11** 単位量あたりの大きさ ⑦

1 ガソリン40Lで320km走る自動車

$320 \div 40 = 8$

ガソリン30Lで270km走る自動車

$270 \div 30 = 9$

　ガソリン30Lで270km走る自動車の方が長い

2 ガソリン20Lで144km走る自動車

$144 \div 20 = 7.2$

ガソリン18Lで135km走る自動車

$135 \div 18 = 7.5$

　ガソリン18Lで135km走る自動車の方が長い

〔p.85〕　**11** 単位量あたりの大きさ ⑧

1 ①　$0.2 \times 300 = 60$　　　60L
　②　$50 \div 0.2 = 250$　　　250m²
2 ①　$150 \div 15 = 10$　　　10L
　②　$15 \times 12 = 180$　　　180km
3 ①　$16 \times 450 = 7200$　　　7200m²
　②　$7200 \div (450 + 30) = 15$　　15m²

〔p.86〕　**12** 速 さ ①

1 ①　$270 \div 3 = 90$　　　90km
　②　$320 \div 4 = 80$　　　80km
　③　電車の方が速い
2 ①　$900 \div 3 = 300$　　　300m
　②　$1000 \div 4 = 250$　　　250m
　③　Aさんの方が速い

〔p.87〕　**12** 速 さ ②

❁ ①　$200 \div 2 = 100$　　時速100km
　②　$2800 \div 5 = 560$　　時速560km
　③　$24000 \div 30 = 800$　　分速800m
　④　$400 \div 5 = 80$　　分速80m
　⑤　$1600 \div 8 = 200$　　秒速200m
　⑥　$1700 \div 5 = 340$　　秒速340m

[p. 88] **12** 速　さ ③

❀ ① $50 \times 2 = 100$　　　　100km
　② $80 \times 3 = 240$　　　　240km
　③ $80 \times 20 = 1600$　　　1600m
　④ $250 \times 8 = 2000$　　　2000m
　⑤ $200 \times 10 = 2000$　　2000m
　⑥ $340 \times 5 = 1700$　　　1700m

[p. 89] **12** 速　さ ④

❀ ① $300 \div 50 = 6$　　　　6時間
　② $200 \div 40 = 5$　　　　5時間
　③ $900 \div 60 = 15$　　　15分
　④ $30 \div 5 = 6$　　　　　6分
　⑤ $800 \div 200 = 4$　　　4秒
　⑥ $6800 \div 340 = 20$　　20秒

[p. 90] **12** 速　さ ⑤

❀ ① 時速600m
　② 時速1800m
　③ 分速300m
　④ 分速600m
　⑤ 分速6000m→分速6km
　⑥ 分速12000m→分速12km
　⑦ 分速15000m→分速15km
　⑧ 時速30000m→時速30km
　⑨ 時速48000m→時速48km

[p. 91] **12** 速　さ ⑥

❀ ① 分速1km
　② 分速2km
　③ 秒速5m
　④ 秒速15m
　⑤ 時速6000m→分速100m
　⑥ 時速18000m→分速300m
　⑦ 時速30000m→分速500m
　⑧ 時速60000m→分速1000m
　⑨ 時速90000m→分速1500m

[p. 92] **12** 速　さ ⑦

1 ① $60 + 70 = 130$　　　　130m
　② $130 \times 15 = 1950$　　1950m
2 ① $60 + 80 = 140$　　　　140m
　② $4200 \div 140 = 30$　　30分後

[p. 93] **12** 速　さ ⑧

1 ① $60 - 50 = 10$　　　　10m
　② $10 \times 15 = 150$　　　150m
2 ① $50 \times 5 = 250$　　　250m
　② $60 - 50 = 10$
　　$250 \div 10 = 25$　　1分で10m、25分後

[p. 94] **13** 図形の角 ①

1 ① ㋐ 120°　　㋑ 30°
　② ㋐ 80°　　㋑ 50°
2 ① $75 + 45 = 120$　　　120°
　② $80 + 30 = 110$　　　110°
　③ $70 + 50 = 120$　　　120°
　④ $30 + 40 = 70$　　　　70°

[p. 95] **13** 図形の角 ②

❀ ① 対角線　2　180°
　　$180° \times 2 = 360°$
　② 対角線　4　180°
　　$180° \times 4 = 720°$、360°
　　$720° - 360° = 360°$

[p. 96] **13** 図形の角 ③

1 ① 五角形　$180° \times 3 = 540°$
　② 六角形　$180° \times 4 = 720°$
　③ 七角形　$180° \times 5 = 900°$
　④ 八角形　$180° \times 6 = 1080°$

〔p. 102〕 **14** 四角形と三角形の面積 ⑤

2

	三角形	四角形	五角形	六角形	七角形	八角形
1つの頂点からの対角線の数	0	1	2	3	4	5
三角形の数	1	2	3	4	5	6
角の大きさの和	180°	360°	540°	720°	900°	1080°

〔p. 97〕 **13** 図形の角 ④

- ① $90 + 60 = 150$ ……150°
- ② $180 - 45 = 135$ ……135°
- ③ $45 + 60 = 105$ ……105°

〔p. 98〕 **14** 四角形と三角形の面積 ①

1
- ① $5 \times 4 = 20$ ……20cm²
- ② $7 \times 4 = 28$ ……28cm²

2
- ① $4 \times 7 = 28$ ……28cm²
- ② $3 \times 9 = 27$ ……27cm²

〔p. 99〕 **14** 四角形と三角形の面積 ②

1
- ① $10 \times 6 = 60$ ……60cm²
- ② $9 \times 5 = 45$ ……45cm²

2
- ① $14 \times 6 = 84$ ……84cm²
- ② $10 \times 8 = 80$ ……80cm²

〔p. 100〕 **14** 四角形と三角形の面積 ③

1 ⑰ ㋓

理由　底辺　高さ

2
- ① $15 \div 5 = 3$ ……3cm
- ② $2 \times 3 = 6$ ……6cm²

〔p. 101〕 **14** 四角形と三角形の面積 ④

- ① $5 \times 4 \div 2 = 10$ ……10cm²
- ② $4 \times 4 \div 2 = 8$ ……8cm²
- ③ $3 \times 8 \div 2 = 12$ ……12cm²
- ④ $5 \times 8 \div 2 = 20$ ……20cm²

〔p. 102〕 **14** 四角形と三角形の面積 ⑤

1
- ① $8 \times 4 \div 2 = 16$ ……16cm²
- ② $6 \times 6 \div 2 = 18$ ……18cm²
- ③ $6 \times 7 \div 2 = 21$ ……21cm²
- ④ $4 \times 6 \div 2 = 12$ ……12cm²

2
- ① $8 \times 2 \div 2 = 8$ ……8cm²
- ② $8 \times 3 \div 2 = 12$ ……12cm²

〔p. 103〕 **14** 四角形と三角形の面積 ⑥

1
- ① $2 \times 4 \div 2 = 4$ ……4cm²
- ② ㋑　㋒　㋓

  理由　底辺の長さと高さが等しいから

2
- ① $6 \times \square \div 2 = 18$

  $\square = 18 \div 6 \times 2$

  $= 6$ ……6cm
- ② $10 \times 6 \div 2 = 30$ ……30cm²

〔p. 104〕 **14** 四角形と三角形の面積 ⑦

1 $(3 + 6) \times 4 \div 2 = 18$ ……18cm²

2
- ① $(3 + 7) \times 5 \div 2 = 25$ ……25cm²
- ② $(5 + 1) \times 5 \div 2 = 15$ ……15cm²
- ③ $(8 + 3) \times 6 \div 2 = 33$ ……33cm²
- ④ $(2 + 8) \times 4 \div 2 = 20$ ……20cm²

〔p. 105〕 **14** 四角形と三角形の面積 ⑧

1 $4 \times 6 \div 2 = 12$ ……12cm²

2
- ① $4 \times 8 \div 2 = 16$ ……16cm²
- ② $6 \times 10 \div 2 = 30$ ……30cm²
- ③ $2 \times 6 \div 2 = 6$ ……6cm²
- ④ $4 \times 8 \div 2 = 16$ ……16cm²

〔p. 106〕 **15** 割合とグラフ ①

1 ①

	入った数	シュートした数
1試合目	3	5
2試合目	4	10

1試合目　$3 \div 5 = 0.6$

2試合目　$4 \div 10 = 0.4$

② 1試合目

② ①

	入った数	シュートした数	割合
1試合目	4	8	0.5
2試合目	4	5	0.8
3試合目	6	10	0.6

② 2試合目

〔p. 107〕 **15** 割合とグラフ ②

① ① 図書委員会　　4÷5＝0.8

　　　放送委員会　　3÷5＝0.6

　　　体育委員会　　8÷5＝1.6

　② 体育委員会

② ① 生き物係　　　8÷4＝2

　　　新聞係　　　　4÷5＝0.8

　　　黒板係　　　　2÷2＝1

　② 生き物係

〔p. 108〕 **15** 割合とグラフ ③

① ① 10%　　　　② 50%

　③ 60%　　　　④ 15%

　⑤ 99%　　　　⑥ 100%

　⑦ 12.3%　　　⑧ 55.5%

　⑨ 10.5%　　　⑩ 0.1%

② ① 0.2　　　　② 0.8

　③ 0.18　　　　④ 0.85

　⑤ 1.2　　　　⑥ 0.05

　⑦ 0.195　　　⑧ 0.234

　⑨ 0.987　　　⑩ 0.207

〔p. 109〕 **15** 割合とグラフ ④

① ① 1割　　　　② 8割

　③ 2割5分　　④ 3割4分

　⑤ 3分　　　　⑥ 7分

　⑦ 5厘　　　　⑧ 6厘

　⑨ 10割　　　⑩ 12割

② ① 0.2　　　　② 0.4

　③ 0.25　　　　④ 0.18

　⑤ 0.004　　　⑥ 0.023

　⑦ 0.104　　　⑧ 0.23

　⑨ 1　　　　　⑩ 1.6

〔p. 110〕 **15** 割合とグラフ ⑤

① ① サッカー　　6÷20＝0.3

　　　バスケット　5÷20＝0.25

　　　図書　　　　2÷20＝0.1

　　　音楽　　　　3÷20＝0.15

　　　イラスト　　4÷20＝0.2

　② サッカー　30%、バスケット　25%

　　　図書　　　10%、音楽　　　15%

　　　イラスト　20%

② いぬ　8÷20＝0.4　　　　　40%

　　ねこ　6÷20＝0.3　　　　　30%

〔p. 111〕 **15** 割合とグラフ ⑥

① ① 3000×0.8＝2400　　　2400円

　② 3000－2400＝600　　　600円

② 60×1.2＝72　　　　　　　72人

③ ① 1200×0.65＝780　　　780mL

　② 50×0.9＝45　　　　　　45kg

　③ 60×2.5＝150　　　　　150m

〔p. 112〕 **15** 割合とグラフ ⑦

① ① 1－0.3＝0.7　　　　　　0.7

　② 300×0.7＝210　　　　210円

② 1－0.2＝0.8

　4000×0.8＝3200　　　　3200円

③ 100×1.2＝120　　　　　120g

〔p. 113〕 **15** 割合とグラフ ⑧

① こねこの生まれた直後の体重×1.5＝180

　180÷1.5＝120　　　　　　120g

② 1600÷0.8＝2000　　　　2000円

③ 400÷1.6＝250　　　　　　　　250g

〔p. 114〕　**15** 割合とグラフ ⑨

① 小学校で飼っている生き物

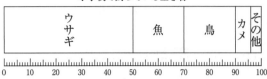

②

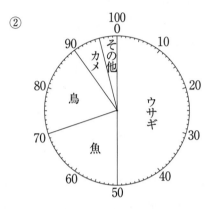

〔p. 115〕　**15** 割合とグラフ ⑩

① 飼っているペット

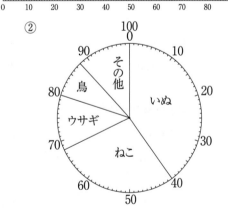

②

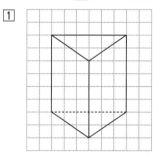

〔p. 116〕　**16** 角柱と円柱 ①

1　（上から）

底面

辺

側面

底面

2

平行	平行	平行	平行
合同	合同	合同	合同
長方形	長方形	長方形	長方形
垂直	垂直	垂直	垂直

〔p. 117〕　**16** 角柱と円柱 ②

1

	三角柱	四角柱	五角柱	六角柱
側面の数	3	4	5	6
ちょう点の数	6	8	10	12
辺の数	9	12	15	18

2　① 底面

側面

底面

② 平行

合同

曲面

〔p. 118〕　**16** 角柱と円柱 ③

1

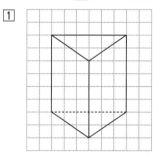

2

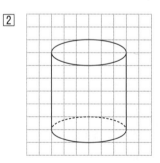

❀ ①

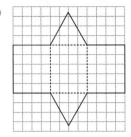

②

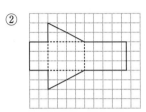

❀ ①

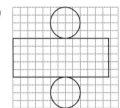

底面の円周

12.56cm

②

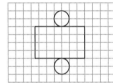

底面の円周

6.28cm

1 ① 六角形

② 面GHIJKL

③ 辺AG 辺BH 辺CI 辺DJ
辺EK 辺FL

2 ① 三角柱

② 3 cm

③ 点I 点G

④ 点B 点F

1

図形	正三角形	正方形	ひし形	長方形
辺の長さ	○	○	○	
角の大きさ	○	○		○
正多角形	○	○		

2 ① 正五角形 　② 正六角形

③ 正八角形

1 $360 \div 6 = 60$ 　　　　　60°

2 ① $360 \div 5 = 72$ 　　　72°

② $360 \div 4 = 90$ 　　　90°

③ $360 \div 8 = 45$ 　　　45°

④ $360 \div 12 = 30$ 　　30°

❀ ① $360 \div 4 = 90(°)$

② $360 \div 5 = 72(°)$

③ $360 \div 6 = 60(°)$

④ $360 \div 8 = 45(°)$

図は省略

❀ ① $10 \times 3.14 = 31.4$ 　　31.4cm

② $20 \times 3.14 = 62.8$ 　　62.8cm

③ $30 \times 3.14 = 94.2$ 　　94.2cm

1 ① $6 \times 3.14 \div 2 = 9.42$

$9.42 + 6 = 15.42$ 　　15.42cm

② $4 \times 3.14 \div 2 = 6.28$

$6.28 + 4 = 10.28$ 　　10.28cm

2 ① $8 \times 3.14 \div 4 = 6.28$

$6.28 + 8 = 14.28$ 　　14.28cm

② $14 \times 3.14 \div 4 = 10.99$

$10.99 + 14 = 24.99$ 　　24.99cm

〔p. 127〕 **17** 正多角形と円 ⑥

● ① $10 \times 3.14 \div 2 = 15.7$

       $10 \times 3 = 30$

       $15.7 + 30 = 45.7$ <u>45.7cm</u>

 ② $10 \times 3.14 \div 4 = 7.85$

       $10 \times 3 = 30$

       $7.85 + 30 = 37.85$ <u>37.85cm</u>

 ③ $5 \times 4 = 20$

       $10 \times 3.14 \div 2 = 15.7$

       $20 + 15.7 = 35.7$ <u>35.7cm</u>

〔p. 128〕 **17** 正多角形と円 ⑦

● ① $20 \times 3.14 \div 2 = 31.4$

       $10 \times 3.14 = 31.4$

       $31.4 + 31.4 = 62.8$ <u>62.8cm</u>

 ② $40 \times 3.14 \div 2 = 62.8$

       $20 \times 3.14 = 62.8$

       $62.8 + 62.8 = 125.6$ <u>125.6cm</u>

 ③ $60 \times 3.14 \div 2 = 94.2$

       $30 \times 3.14 = 94.2$

       $94.2 + 94.2 = 188.4$ <u>188.4cm</u>